我的第一本化学启蒙书

冰河　编著

中国和平出版社
China Peace Publishing House

图书在版编目（CIP）数据

我的第一本化学启蒙书 / 冰河编著. ‐‐ 北京：中国和平出版社, 2022.7（2023.3重印）

ISBN 978‐7‐5137‐2256‐8

Ⅰ.①我… Ⅱ.①冰… Ⅲ.①化学—青少年读物

Ⅳ.①O6‐49

中国版本图书馆CIP数据核字(2022)第012934号

我的第一本化学启蒙书

冰河　编著

责任编辑	张春杰
插图绘画	百闻文化
设计制作	张　昕
责任印务	魏国荣
出版发行	中国和平出版社（北京市海淀区花园路甲13号院7号楼10层　100088）
网　　址	www.hpbook.com　bookhp@163.com
出 版 人	林　云
经　　销	全国各地书店
印　　刷	天津联城印刷有限公司
开　　本	889mm×1194mm　1/16
印　　张	9
字　　数	225千字
印　　量	340001～360000册
版　　次	2022年7月第1版　2023年3月第9次印刷
书　　号	ISBN 978‐7‐5137‐2256‐8
定　　价	100.00元

目 录

让阅读轻松一"点"

《我的第一本化学启蒙书》是一本内容翔实、版面丰富多彩的化学科普读物。它从基础的概念展开，从我们身边熟悉的事物和现象入手，以别开生面的图文编排，引领孩子们扣响"化学"这扇科学的大门，揭开了这门古老学科的神秘面纱。

江俊

中国科学技术大学化学与材料科学学院教授

一起来了解有趣的化学知识吧！

宇宙间的一切物体都是由物质组成的，大到太阳、地球和月亮，小到我们肉眼看不到的分子、原子。在这个神奇的世界里，原子的结合、分离，化学键的形成、断裂，还有住在元素大厦里的各种各样的金属和非金属元素……这些物质是不是很神秘？让我们一起揭开它们的面纱吧！

了不起的小东西——原子

吃饭时用的勺子是由什么组成的？还有你早上喝的牛奶、写字用的笔等，这些都是由什么物质组成的呢？

化学家们给出的答案是：原子是构成物质的基本微粒之一，也是化学变化中的最小粒子。当然，原子还可以再被分解成更小的单位。虽然我们肉眼看不到原子，但它的能量却十分巨大，比如我们后面要介绍的原子弹等。

古希腊学者留基伯根据原子的猜想，创建了**原子论**。后来，留基伯的学说通过其学生德谟克利特的研究，得到了进一步的发展和完善，是现代原子论的重要基础。

原子：由原子核以及围绕在原子核周围运转的电子构成。

原子核

质子：质子带正电荷。

中子：中子不带电荷。

原子核是原子的核心，由质子和中子构成。

电子带负电荷，按照一定轨道围绕原子核运转。

夸克

科学家们还发现了一种构成物质的更基本的粒子——夸克。夸克不能被直接观测到，也不能被分离出来，这种现象被称为"夸克禁闭"。夸克之间相互结合，形成的复合粒子叫强子。质子和中子都是强子。

万物皆来源于原子

在希腊文中，原子是"不可分"的意思。古希腊学者德谟克利特认为，世界上所有物体的本原都是"原子"。在他与其老师留基伯所创建的原子论中认为，原子不可再分，坚固不可入，不存在缝隙，且永恒存在，不生不灭。德谟克利特认为，原子存在于世界上的数量是无限的，而且始终以震动的方式，不停地运动着。

◎关键词：原子

不同物质，原子的大小不同，它们之间可能像玻璃弹珠和足球之间的差距。

带有电荷的离子

在化学反应中，原子常常通过失去或得到电子的方式与其他原子结合。原子失去或得到电子，便带上了电荷，这种带电荷的原子，被称为离子。离子是不完整的原子，在元素周期表中找不到它。离子有些带正电荷，有些带负电荷。

原子失去最外层的电子，便成了带有正电荷的离子，被称为正离子或阳离子；原子得到电子，使最外层能级达到稳定，便带有负电荷，被称为负离子或阴离子。

带有正电荷的离子　电子　带有负电荷的离子

铁原子

金属键

科学家发现铁、铝、金、银、铜等金属的原子排列得井然有序。金属键将金属原子结合在一起，形成一个个"方格"，电子可以自由地穿过"方格"，于是，金属的导电性和导热性都很棒。

以**食盐（氯化钠）**为例：氯化钠既不是由分子构成的，也不是由原子构成的。原来，它是由离子构成的：大量的钠阳离子与氯阴离子互相吸引，交错排列形成了氯化钠晶体。

金属正离子和非金属负离子通过离子键结合在一起，形成的化合物也被称为离子化合物。

神奇的电子

原子是由原子核和电子组成的。电子是分层排布的，每一层叫一个能级。一层层的能级包裹着原子核，像一层层洋葱皮。在原子核的吸引下，电子的活动范围是有限的。但是在化学反应中，原子最外面的能级可以失去电子、得到电子，也可以和其他原子共享电子。

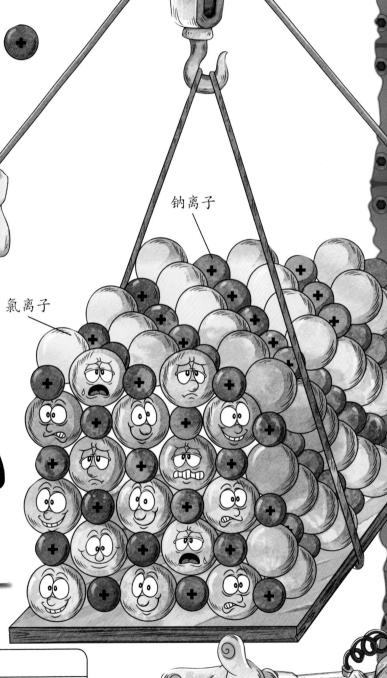

钠离子

氯离子

基于**异性相吸**的原则，带有正电荷的阳离子与带有负电荷的阴离子相互吸引，它们之间会形成"离子键"。

◎ 关键词：离子键

使带相反电荷的阴、阳离子结合的强烈相互作用叫作离子键。离子键的本质是阴、阳离子之间的静电引力。

元素周期表

　　元素周期表可以说是化学这一学科的"寻宝图"。它的创始人门捷列夫通过这张清晰简洁的地图，为化学奠定了坚实的基础。在化学的世界里，还有很多很多的问题，需要我们去寻找答案，而元素周期表就是最可靠的依据之一。有了这张"寻宝图"，不仅能够找到很多我们还不了解的答案，也许还能找出未被发现的元素呢。

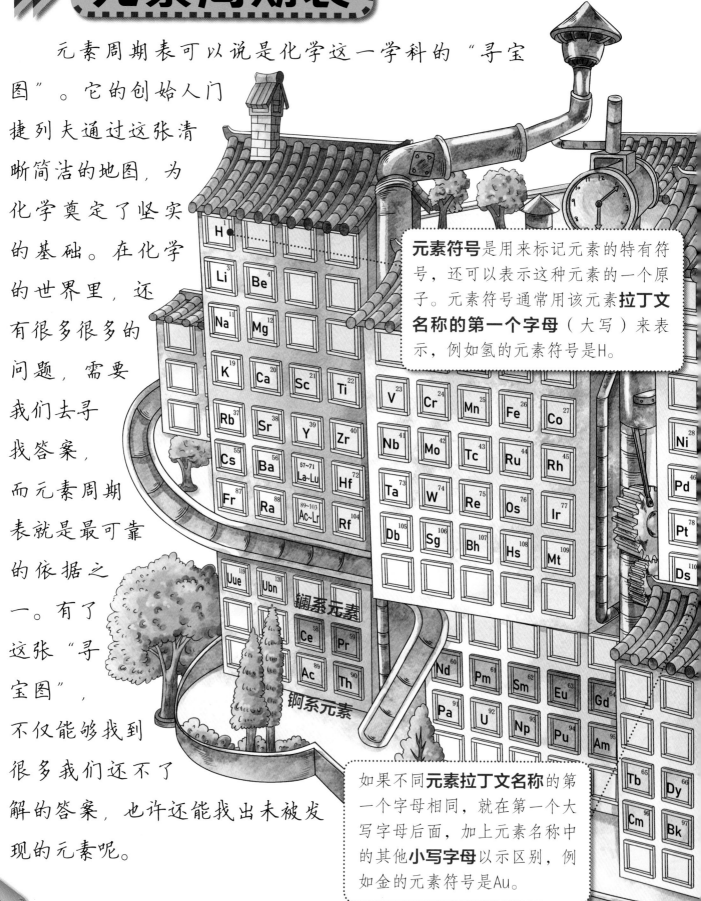

元素符号是用来标记元素的特有符号，还可以表示这种元素的一个原子。元素符号通常用该元素**拉丁文名称的第一个字母**（大写）来表示，例如氢的元素符号是H。

如果不同**元素拉丁文名称**的第一个字母相同，就在第一个大写字母后面，加上元素名称中的其他**小写字母**以示区别，例如金的元素符号是Au。

地球上有多少种元素

有些理论认为，地球上现有的天然元素，都来自于很久以前的宇宙大爆炸。科学家们发现的天然元素约有90多种，在地壳里，有8种元素占了地壳全部质量的90%左右，其中氧是含量最丰富的元素，其次是硅，然后是铝、铁、钙、钠、钾和镁。铁元素是构成地心的最主要元素。

元素不仅存在于自然界中，也存在于我们的身体里。**氧**在组成人体的元素中占首位，此外人体中碳、氢、氮、钙、磷、钾、硫、钠等元素含量也很丰富，还有铁、锌、铜、锰、铬、硒、钼、钴、氟等**微量元素**，它们都是维持生命的重要元素。

◎ 关键词：元素周期表

1869年，俄国化学家门捷列夫编制了最早的元素周期表。科学家认为，元素周期表中所记录的，并不是所有的元素，因为还有没被发现的元素和人们制造出来的新元素。所以，元素周期表并不是固定不变的。

非金属元素

在元素周期表里，各种元素所在的位置是很有讲究的。它们被分为金属元素和非金属元素。金属元素在元素周期表的左下方，而非金属元素集中在右上方。也就是说，在元素周期表中，越往下、往左，元素的金属性越强；越往上、往右，元素的非金属性越强。

硫（化学符号：S）：硫通常为黄色固体，在火山地区比较常见。古人常燃烧硫磺用于消毒杀菌，它还是黑火药的主要成分。硫燃烧时，会散发难闻的气味。

氯（化学符号：Cl）：氯气是一种密度大、有刺激性气味的黄绿色气体。氯气的化学性质非常活泼，因此非常危险。氯气溶于水后可以杀灭水中的病菌，常用于饮用水和泳池的消毒。

注：气体的密度大小通常以空气的密度作为比较标准。

碘（化学符号：I）：碘加热时能升华成紫色的气体。常常存在于防腐剂、动物饲料、染料、工业催化剂以及冲洗照片的显影剂等化学物质当中。

◎ 关键词：金属性和非金属性
科学家认为，元素的金属性源自于它失去电子的能力，而非金属性源自于它得到电子的能力。

磷（化学符号：P）最初是从尿液中提取出来的。常见的磷分为红磷和白磷。白磷看起来像白蜡，但与氧气发生反应放出大量热，并发出白光。

尿液

红磷

碳（化学符号：C）是构成有机物的主要元素。碳的化学性质很稳定，柔软的石墨和坚硬无比的钻石都是碳的同素异形体。在工业和医药上用途很广。

溴（化学符号：Br）在通常状态下，是深红棕色有臭味的油状液体，有毒。液态溴对皮肤有腐蚀性。天然海水和盐水中都能提取出来溴，常被用于杀虫剂和药品等。

砷（化学符号：As）在很久以前，砒霜（三氧化二砷）就作为毒药被人们所了解。虽然含有砷的化合物都具有很强的毒性，但实际上砷元素本身没有毒。

氧（化学符号：O）是地球上最常见的元素，占人体一半多的重量。人们从空气中提取大量的氧气，用于炼钢和化工。

金属元素

在很早以前，金属就出现在人类的生活中了。在古埃及建造金字塔的年代，很多种金属已被人们用来制作工具或饰品。到了中世纪的欧洲，炼金术的盛行让人们更加热衷于寻找新物质。但由于技术有限，当时的人们能够发现和了解的金属元素，也只有现在比较常见的几种，例如金、银、铜、铅、铁、锌、锡、锑、铋和汞等。

金（化学符号：Au）：黄金作为贵金属的历史十分久远，永远闪耀着金灿灿的光芒。它有很好的延展性，人们常将它制成饰品和装饰用的金箔。

银（化学符号：Ag）是具有良好导电、导热性能的金属，它的延展性和金差不多，但纯银容易被氧化。

铜（化学符号：Cu）质地柔软，具有良好的导电、导热性能，能与其他金属熔合成合金。

汞（化学符号：Hg）是常温常压下，唯一呈现液态的金属。汞有剧毒，密度比铅还大。血压计和体温计中常用到汞。不过，汞在零下39摄氏度时会凝固。

Fe

铁（化学符号：Fe）出现在人类的历史中，要比铜晚一些。它韧性强，很坚硬，且熔点高，比铜更适合制作成工具和武器。

Pb

铅（化学符号：Pb）是重金属，质地柔软，受热后很容易熔化。在古罗马时期，人们会用它来制作餐具和水管。

锡（化学符号：Sn）是发现最早的金属之一，其质地柔软、坚韧。古代青铜器的主要成分就是锡和铜。现在，锡还常被用到各种合金中。

Sn

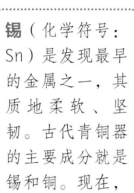

◎ 关键词：延展性

一般是指金属在受到拉力、锤击或滚轧等作用力时，能够延伸成细丝或展开成薄片而不断裂的性质。

Zn

锌（化学符号：Zn）与铜混合可以得到黄铜。锌常常被镀在其他金属表面作为抗腐蚀的保护膜。

铋（化学符号：Bi）是有银白色光泽的金属，略带粉色，质脆易粉碎，可入药。铋的熔点相对较低，常用于喷淋灭火系统。

锑（化学符号：Sb）的发现是炼金术士的功劳。作为金属，锑质脆、有光泽、银白色，具有延展性。在印刷工业和电池制造中会用到锑，它还会用作轴承和电缆的防护层。

Sb

Bi

考古学家的巧妙方法

在考古工作中，让考古学家最头疼的事情，莫过于确定史前文物或化石的年代了。幸好考古学家找到了一种巧妙的方法：放射性碳-14年代测定法。他们先取一小块要测定的样品，测它含有多少放射性同位素碳-14。碳-14和所有放射性元素一样，在漫长的时间里会因衰变而失去质量。将现代同类物品的碳-14含量和样品的碳-14含量相比较，根据碳-14的衰变率就能精确测定文物或化石的年代了。年代越久，碳-14含量越低。

质子数相同而中子数不同的同一元素的不同原子互称为**同位素**。**碳-14**是碳元素的一种放射性同位素，它的原子核中包含有6个质子和8个中子。

碳-14在**衰变**过程中，**中子**分裂成一个质子和一个电子。质子被保留下来，**电子**会被作为β粒子抛射出去，也叫β衰变。

电子

氮-14

碳-14的中子

碳-14

碳-14来自地球的大气层，宇宙射线轰击大气中的氮原子。每次撞击就会产生碳-14原子。

宇宙射线是来自外太空的高能带电粒子流。

大气中的氮：氮是天然大气中主要的组成成分。

氮-14

碳-14

质子

现在

5500多年前

11000多年前

16000多年前

22000多年前

碳-14含量的变化

地层中的碳-14

奇妙的循环

　　在地球上，碳元素无处不在。我们会呼出二氧化碳，而植物却可以通过光合作用，将二氧化碳转变成含碳元素的糖类物质，人类再通过摄取植物营养维持生命，并继续呼出二氧化碳，这种奇妙的循环也被称作碳循环。

◎ 关键词：衰变

衰变是指具有放射性的元素放射出粒子，从而转变成为另一种元素的过程。这一过程是自然而然发生的，而且这一过程有一定的周期性。放射性元素因衰变而失去一半质量所用的平均时间叫作半衰期。

黄金是怎么开采的

黄金作为贵金属的历史，可以追溯到史前时期。人类对于黄金的渴望，在历史上的很多事件中都有所体现。比如西班牙在16世纪时，对中美洲和南美洲的大肆杀戮，就是源于对黄金的攫取；18世纪到19世纪，美国发生了人类历史上最大的黄金开采活动：淘金。在当时，寻找黄金的矿工和探险者遍布美国各地。

当时的开采设备很原始：铁锹、铁镐、淘金盘，还有一些排水设施，这些几乎是淘金者的全部家当。

将河水引入**溜槽**，挖出的金矿矿砂倒在溜槽上，溜槽底部有折流板，较轻的矿物会被水冲走，留下密度较大的粗精矿砂。

淘金盘

将粗精矿砂放在**淘金盘**内，在盘内注入一定的水后，端起来回摆动，不断排水，仔细淘去泥沙，剩下金粒。

提炼：除了淘金沙，古人还会通过燔火爆石法来采炼黄金。这种方法就是将矿石烧热，再泼以冷水，使矿石爆裂破碎，然后将其研磨成粉，以水筛淘，从而获得金沙。

黄金是金属中延展性最好的，1克黄金可以被压成0.0001毫米厚的金箔薄片。

磨损的硬币：金币作为一种货币流通了几千年，但它容易被磨损。

金量的计数单位

人们在购买黄金制品时，常常会提到一个计量单位——开（Carat）。这是表示一个物体的含金量的单位，纯金为24开。

"Carat"一词最早是古代中东商人用来衡量豆子重量的单位。它的首次应用是14世纪时英国的黄金大厅，用来表示贵金属的纯度。其实，"Carat"一词在中文中有两种译法：作为质量单位时译为"克拉"；作为纯度单位的时候被译为"开"。

◎ 关键词：贵金属

目前确定的贵金属有8种：金、银、钌、铑、钯、锇、铱、铂。它们化学稳定性极强，一般条件下不会与其他化学物质发生化学反应。这些贵金属大多数拥有美丽的色泽，常被用来制作饰品。它们中的一些还广泛应用于电气、电子、宇航工业。

也可以将金矿矿砂倒在**手持溜槽**上，用水冲洗，筛除砂砾后,留下粗精矿。

古代银的冶炼

银在人类历史中出现的时间和金差不多，距今大约有4000年以上的历史，且同样被用作交易时的货币。

在古代，银是一种货币金属，在当时，它是如何被开采的呢？如果在山洞中，人们看到地上有一堆微带褐色的石块，那么这些石块下面可能就藏着银矿。下面，让我们一起了解一下银是怎么提炼出来的吧。

将**银矿石**清洗干净后放入**炼银炉**。炼银炉加热到一定温度，银矿石将会熔化。

风箱

炼银炉

向炼银炉里添加木炭，需要使用一个非常长的铁叉。

炼银炉的温度太高了，拉风箱的人满头大汗地在炼银炉旁的砖墙后工作。

提纯是指将混合物中的杂质分离出来，从而得到纯度较高的某种单质。提纯这种重要的方法，在化学研究和化工生产中都具有非常重要的作用。

一般情况下，**炼银炉**里被熔化的银都含有铅等杂质，所以在炼银炉冷却下来后，其中的银会被放进**分金炉**里进行提纯。当分金炉达到一定温度后，铅等杂质就会沉到炉底，上层的银就比较纯净了。

银是一种特殊的金属，只有铜和铅能混入其中，影响其纯度。

将冷却下来的银和少量的硝石一起放入**坩埚**熔炼，其中的铜和铅会沉底，从而得到更纯的银。

分金炉

坩埚

银也具有很好的延展性，可以压成1/100000毫米厚的银箔，1克的银可以拉成1.8千米的银丝。

19

冶铸的奥秘

风箱

古代的铁匠在**铁匠铺**里对铁进行打制加工。铁匠铺里常见的设备有火炉和风箱。

人类冶铸金属的历史非常悠久。在中国，最早的冶铸记录可以追溯到黄帝时期对铜鼎的铸造。历史上，也有地方官员进贡金属，帮助舜王铸成大鼎的记录。到现在，用火来冶铸金属的技术已经有几千年的历史了。

用火冶铸金属而铸造出来的物品，其精细程度、个体大小以及作用都各不相同，它们广泛存在于我们的身边。

铁匠是一种存在了几千年的非常古老的职业。在**锻打**过程中，通常是两人搭配，手握大锤的铁匠负责捶打，手握铁钳的铁匠负责翻动铁料，直到将铁料打成所需要的形状为止。

将敲打成型的铁器，放进冷水里一激，就会变得坚硬无比。

正常状态下铁块儿内部的原子都密集地堆积在一起。

捶打

生铁熔化成铁水后倾注到模具里。

模具

当铁块受到捶打后，铁原子进行了重新排列，但原子之间仍然互相连接，因此铁不会折断。

导体、半导体、绝缘体

物质根据电阻率不同能划分为导体、半导体、绝缘体。所谓的电阻率，其实就是物质中自由电子含量的宏观体现。在没有被高电压击穿的情况下，导体有大量的自由电子，而绝缘体几乎没有自由电子，半导体的自由电子量介于导体和绝缘体之间。

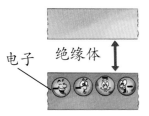

电子

绝缘体

半导体

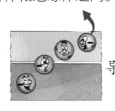

导体

◎ 关键词：冶铸

冶铸即冶炼铸造。金属矿石高温冶炼后，通过铸造手段，将其铸成所需器具，这个过程就是冶铸。在宋应星的《天工开物》中有详细记载，可见当时的冶铸技术已经相当成熟。

钻石和石墨

在自然界中，经常会出现神奇的"亲缘关系"，比如璀璨夺目且坚硬无比的钻石和铅笔芯里黑黑的、易折断的石墨，竟然是"兄弟"。虽然它们的外观和化学性质不同，但都是由碳原子构成的。它们的不同表现为原子的排列方式不同。

◎ 关键词：同素异形体

由同一种元素组成，但性质却不相同的单质，被称为同素异形体。也就是说，构成同素异形体的化学元素相同，但原子的排列方式不同，导致性质不同。在化学性质和物理性质上，同素异形体之间的差异都很明显。

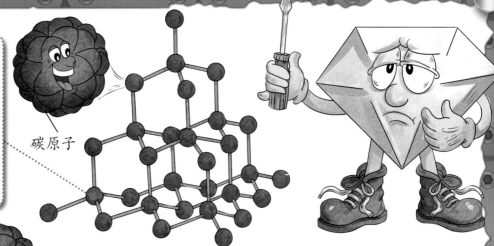

钻石晶体中的碳原子排列： 钻石中的碳原子排列紧密，而且呈现出立体网状结构。正是这样的排列结构，让钻石成为世界上最坚硬的物质。

碳原子

铅笔

碳原子

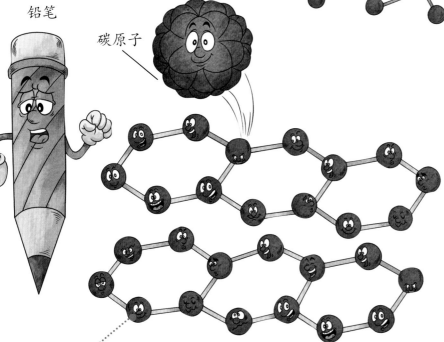

光彩夺目的钻石

　　钻石是利用金刚石矿物加工而成的，是具有规则切面的多面体。光线在多个切面之间折射，让其看起来光彩夺目。钻石坚硬的特质，璀璨的"形象"，一直被人们当做忠贞爱情的象征。

石墨中的碳原子排列： 石墨中的碳原子呈现平面层状排列，层与层之间距离较远，结构不稳定，有容易脱落的特点，因此，可以做成写字的铅笔芯。

　　1564年，英国人发现了一种黑色的东西——石墨。由于石墨可以像铅一样在纸上留下痕迹，而且，痕迹比铅还要黑。所以，石墨被人们称为"黑铅"，并利用它发明出了铅笔。

碘元素

　　碘元素是元素周期表中的卤族元素之一。自然界中，碘的含量比较稀少，在地壳中的含量位居第47位。单质碘，是紫黑色晶体，易升华，有一定的毒性和腐蚀性，主要用于制药、染料、试纸等。

　　1811年，科学家库特瓦意外地发现了**碘元素**。当时，他在进行蒸发母液的过程中发现，母液中产生了一种美丽的，像彩云一样冉冉上升的紫色蒸气，它很快充满了实验室，让人感到窒息。

　　虽然**碘**主要来源于矿石，但海水中碘的含量却很大，海洋中的海藻、海带等都含有碘。食用海洋中的藻类，能够很好地给人体补充碘。

海藻、海水、海鱼都富含碘

对动植物来说，碘都是非常重要的。海水中含有碘化物和碘酸盐的量比较大，这些碘化物和碘酸盐进入大多数海洋生物体内，并参与新陈代谢。而且海藻、海鱼等海洋生物也有吸附碘的能力，这使得它们体内的碘含量比较高，是人类补碘的绝佳食品。

◎ 关键词：卤族元素

元素周期表中的ⅦA族元素被称为卤族元素，其中包括氟、氯、溴、碘、砹。它们在自然界中都以盐类存在，是成盐元素。

哇！不小心擦破了皮！用碘伏消消毒吧！碘伏的主要成分是碘。

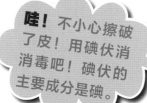

碘是维持人体甲状腺正常功能所必需的元素。成年人体内含有20~50毫克的碘。当人体缺碘时，甲状腺会肿大。多食海带、海鱼等含碘丰富的食品，对于防治甲状腺肿大很有效。

硫元素

火山喷发会对当地造成很大的危害，但同时也会给土壤带来好的改变。火山灰带着大量对植物生长有利的物质，飘落到各处，让土地变得肥沃。硫元素就是其中之一。

硫在元素周期表中排在氧族元素中。单质硫为黄色晶体，所以人们又把它称作硫磺。

自然界中，硫元素大多以硫化物、硫酸盐或单质硫的形式存在。火山喷发时，存在于地下深处的硫磺，会随着熔岩和沼气一起喷到地面上来。火山喷发时的刺鼻气味，就有硫的功劳。

◎ 关键词：有机物和无机物

通常情况下，无机物指的是不含碳元素的化合物，而有机物是含有碳、氢元素的化合物及其衍生物的总称，多数有机化合物是人工合成的。但是，少数一些含碳的化合物，如一氧化碳、二氧化碳、碳酸盐和氰化物等也属于无机物。

硒元素

你听说过富硒食品吗？这种食品具有修复细胞、增强免疫力等作用，很受人们喜爱。自然界中，硒元素以有机硒和无机硒两种方式存在。火山喷发时，硒元素会随着一些金属物质一同被带到地表。人类能从金属矿藏的副产品中获得无机硒，通过生物转化与氨基酸结合而得到有机硒。

硒的作用

硒是动植物体内很重要的营养元素之一。人体的硒含量是6~20毫克，它遍布人体各组织器官和体液中，对提高免疫力和防癌非常重要。正常人群，只要保持饮食均衡就可以保证硒的摄入量。如果人体长期处在高硒状态，会出现头昏眼花、食欲不振、胃肠功能紊乱的症状。

天然食品中，富硒大米、富硒小麦、蘑菇、鸡蛋、大蒜、海鲜等，都含有比较高的**硒元素**，缺硒的人群可以适当增加这方面的食物摄入。

无处不在的氮

　　虽然空气中的氧气是很多动植物必需的，但是大气中含量最多的却是氮气，约占78%。氮不仅在大气中占的比重较大，在土壤以及动植物体内的比重也不小。不过，在土壤和动植物体内，氮多以化合物的形式存在。自然界中，氮多以无色无味的气体形式存在，想找到它可不容易呢。

被带到海洋中的**氮元素**，通过蒸发作用等，以氮气的形式回到大气中。

动物吃含有**氮元素**的植物，以摄取生命活动所需的氮。

地壳中的氮被流动的水带到海洋。

　　土壤里的细菌能将从大气中获取的氮元素固定住。植物通过根部将氮元素从土壤中吸收进体内，从而带入到食物链当中。

动物食用含氮丰富的植物，将植物体内的有机氮转化到动物体内。

植物吸收土壤中的无机氮化合物，将其化合成有机氮。

火山喷发的时候，地壳中的氮随岩浆喷出，一部分悬浮在大气中，另一部分随火山灰落到地表上。

闪电时，大气中的一些氮会与氧生成**二氧化氮**，并随着雨水进入土壤，成为植物生长的天然氮肥。

人们利用**固氮**过程，生产**硝酸盐**类化学肥料。

动物的遗体、排泄物等中的有机氮被微生物分解，转化为**无机氮**，进入土壤。

固氮菌会将动植物尸体中的氮化合物转化为氨，再将其转化为含氮元素的化合物——硝酸盐或亚硝酸盐。

铵离子

固氮菌

这些**元素氮**进入土壤，为下一轮氮循环做准备。

亚硝酸盐离子

硝酸盐离子

生活中氮的使用

将氮气充在白炽灯泡里，可防止钨丝的氧化，减慢钨丝的挥发速度，从而延长灯泡的使用寿命。人们还利用氮气使粮食处于休眠和缺氧状态，减缓代谢，并起到防虫、防霉和防变质、防污染的效果。

臭氧杀菌

臭氧分子能将附着在衣物纤维上的细菌和异味清除得一干二净。

臭氧闻起来并不臭，而是有一点儿刺激性的鱼腥味，浓度较低时则呈一种淡淡的青草香。它是一种很漂亮的淡蓝色气体，少量吸入臭氧对人体是有好处的。臭氧具有极强的氧化能力。在一定浓度下，臭氧可以和细菌等有害物质进行化学反应，并将它们消灭。日常生活中，人们会利用臭氧来消毒，还会将臭氧应用于污水处理、空气净化、食品加工等领域。

臭氧为医学带来的贡献

臭氧分子

臭氧在医用治疗方面也有很大作用，比如治愈伤口。俄罗斯科学家就研究出了一种特殊的液压液来治愈伤口：在高压下，用含有臭氧的生理溶液，对伤口进行冲洗，将伤口中的脓血、坏死组织以及细菌清除干净，同时伤口表面的致病微生物也会被杀死。用这种方法治疗的病人，多是一些糖尿病、血管动脉硬化以及不适合进行外科手术的患者。

氧气分子

臭氧的**强氧化性**能将衣物上残留的**有机物**氧化成易于清洗的物质，从而有效地去除污渍。

有机物

有机物

◎ 关键词：氧化能力
指的是物质的氧化性。物质的氧化能力与得电子的能力成正比关系，得电子能力越强，氧化能力越强。

细菌：衣物即使在清洗后，仍会有大量的细菌隐藏在衣物纤维中。

臭氧分子的强氧化作用可以破坏细菌的细胞膜，改变细菌细胞的通透性，导致细菌死亡。

细菌

细菌

细菌

臭氧分子

惰性气体

惰性气体属于元素周期表中的0族元素，主要包括氦、氖、氩、氪、氙、氡等气体，在常温常压下，这些气体很难进行化学反应，所以叫"惰性气体"。起初，学者认为这些气体存在的量非常少，所以称它们为稀有气体。后来发现，所谓稀少只不过是其中的某些气体。而像氩气，在地球大气中的含量比二氧化碳还要多；氦气虽然在大气中含量很少，但在宇宙中含量却很多，仅次于氢。所以，不再称它们为"稀有气体"了。

氖和氪是一起被发现的，因为它们很难从其他化合物中分离出来，所以被称为"隐藏的元素"。
氖气通电后，发出的光是红色的。

这些**惰性气体**的化学性质并不活泼，在很多时候表现得很"懒惰"。

氖气灯泡

"懒惰"也有好用处

元素周期表中的0族元素,在空气中的含量不足百分之一。它们无色、无味,微溶于水,熔点和沸点都很低,在低温时都可以液化。

因为它们"懒惰"的性质,常常被用作"保护气",比如在焊接不锈钢、铝或铝合金等时,用氩气来隔绝空气,还可以把氩气和氮气混合充入灯泡里,使灯泡经久耐用。

氦遍布整个宇宙中,所占质量仅次于氢。在地球上,氦主要存在于大气或放射性矿石中。氦气通电后,会发出粉红色的光。

在地球的大气中,氩气的含量排名第三。氩气不与任何元素发生反应,可以说是非常"懒惰"了。通电后,发出的光是紫蓝色。

氙在大气中的含量极其稀薄,但在核爆后,局部地区的大气中氙含量就会增多。氙气通电后,发出亮白的强光。

氩气

◎ 关键词:惰性

顾名思义,就是非常懒惰的意思。在常温常压下,它们的性质非常稳定,一般不与其他物质发生化学反应。

夸克组成中子

夸克组成质子

氢原子

氦原子核

氢和氦的诞生

宇宙的诞生源自于大约130多亿年前的大爆炸。在爆炸的那一瞬间，宇宙温度急剧上升，短短几分钟后，温度就降到了大约10亿摄氏度。这样的高温保持了很长时间，在大约30~70万年后，温度才下降到大约4000摄氏度。高温使得质子和中子结合到了一起。在宇宙大爆炸后的温度变化过程中，宇宙只产生了氢和氦两种元素。

氢的含量在宇宙中排名第二，而且都是在宇宙大爆炸后，约一分钟的时间内产生的，同时产生的还有氮。

按照元素产生的顺序，**氢**排在第一。在高温下发生的核聚变反应中，产生了**氦**。三个氦在高温下聚到一起，又产生了碳。接下来，便依次产生了氧、氖、镁和硅。

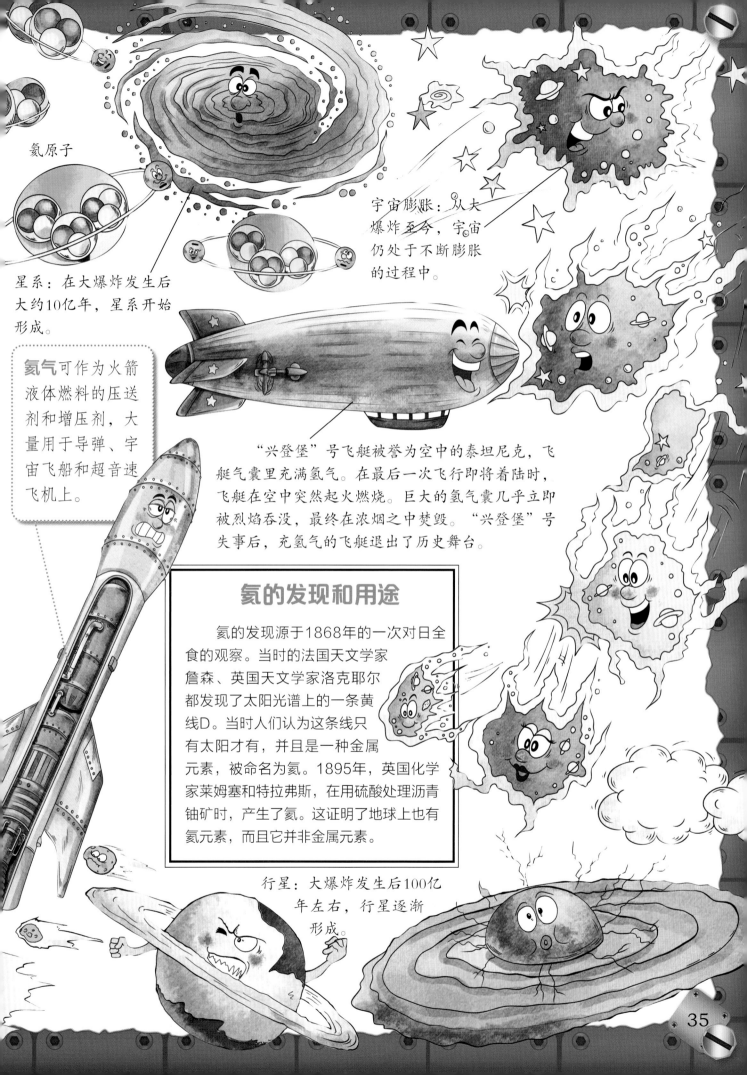

氦原子

星系：在大爆炸发生后大约10亿年，星系开始形成。

宇宙膨胀：从大爆炸至今，宇宙仍处于不断膨胀的过程中。

氦气可作为火箭液体燃料的压送剂和增压剂，大量用于导弹、宇宙飞船和超音速飞机上。

"兴登堡"号飞艇被誉为空中的泰坦尼克，飞艇气囊里充满氢气。在最后一次飞行即将着陆时，飞艇在空中突然起火燃烧。巨大的氢气囊几乎立即被烈焰吞没，最终在浓烟之中焚毁。"兴登堡"号失事后，充氢气的飞艇退出了历史舞台。

氦的发现和用途

氦的发现源于1868年的一次对日全食的观察。当时的法国天文学家詹森、英国天文学家洛克耶尔都发现了太阳光谱上的一条黄线D。当时人们认为这条线只有太阳才有，并且是一种金属元素，被命名为氦。1895年，英国化学家莱姆塞和特拉弗斯，在用硫酸处理沥青铀矿时，产生了氦。这证明了地球上也有氦元素，而且它并非金属元素。

行星：大爆炸发生后100亿年左右，行星逐渐形成。

35

分子的世界

　　分子是由两个或更多的原子靠化学键结合在一起形成的。例如水分子就是由两个氢原子和一个氧原子构成的。原子或离子之间相结合的作用力，被称为化学键。

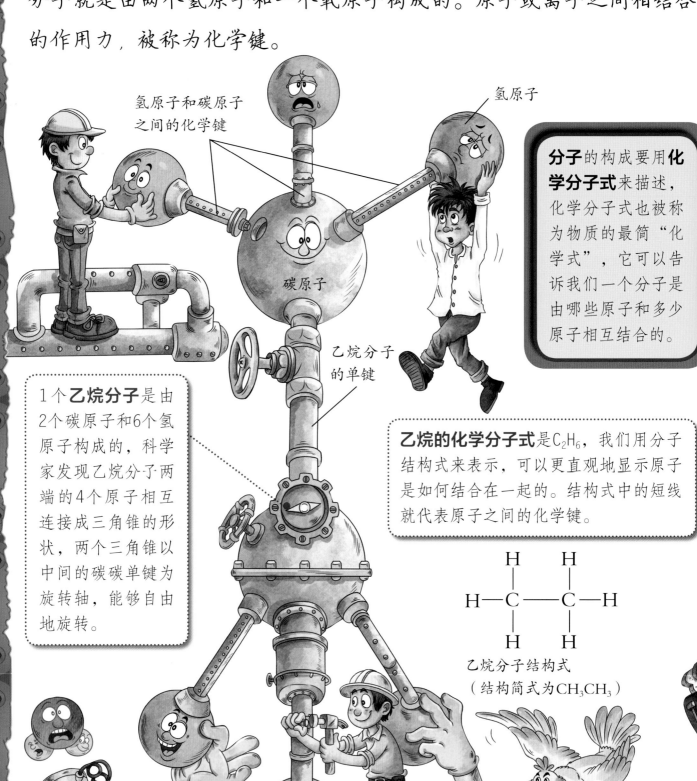

氢原子和碳原子之间的化学键

氢原子

碳原子

乙烷分子的单键

分子的构成要用化学分子式来描述，化学分子式也被称为物质的最简"化学式"，它可以告诉我们一个分子是由哪些原子和多少原子相互结合的。

　　1个乙烷分子是由2个碳原子和6个氢原子构成的，科学家发现乙烷分子两端的4个原子相互连接成三角锥的形状，两个三角锥以中间的碳碳单键为旋转轴，能够自由地旋转。

乙烷的化学分子式是C_2H_6，我们用分子结构式来表示，可以更直观地显示原子是如何结合在一起的。结构式中的短线就代表原子之间的化学键。

乙烷分子结构式
（结构简式为CH_3CH_3）

聚乙烯是一种塑料，聚乙烯是由很多碳原子和氢原子结合而成的。

聚乙烯的结构式

$$H \quad H \quad H \quad H \quad H \quad H$$
$$\cdots C-C-C-C-C-C \cdots$$
$$H \quad H \quad H \quad H \quad H \quad H$$

聚乙烯的结构简式是C_nH_{2n}，它的结构式像被上下挥舞的跳绳一样呈波浪状。

化学实验类似烹饪，向容器里放入药品要有规矩，加入的顺序、用量等都必须按照事先定好的规矩来，就像按照菜谱做菜一样。

通过分子来了解水和冰

水是我们身边最常见的由分子构成的物质。水的分子式为H_2O。构成水分子的原子之间的作用力并不是一成不变的。冰是水的固体形态，是水分子有序排列形成的结晶。冰块中每个水分子会被4个水分子所包围，形成一个间隙较大的四面体。冰融化成水时，热运动使水分子通过氢键结合起来，水分子之间靠得更近，水分子间的间隙减小，密度反而增大，这就是冰能浮在水面上的原因。

水分子

◎ 关键词：化学键

化学键根据形成原因的不同，分为离子键、共价键和金属键。离子键是通过原子间的电子转移，形成正负离子，由静电作用形成的。共价键是非金属原子之间在结合过程中，只把外层电子共享形成的。金属键是由多个原子共用一些自由流动的电子形成的。

物质的状态

在不同温度和压力下，同一种物质可以以气体形式、液体形式或固体形式存在。这些条件中的任何变化，都可以改变一种物质的存在形式和性质，比如冰融化成水，水沸腾成为水蒸气，水分子到底有哪些改变呢？让我们一起来了解物质状态的变化吧！

高能量状态
——气态

气体粒子的活动虽然非常自由，但当它们互相碰撞时，也能感受到分子之间的作用力。所以，在气体粒子发生碰撞时，会有些"黏滞"。

物质有三种状态，即气态、液态和固态。气态是物质的最高能量状态。气体分子之间的作用力很小，无法约束分子的热运动，使得分子移动非常自由，无法实现分子的聚集，这时物质就呈气态。如果气体被压缩或降温，分子间的作用力便可以约束住分子的运动，气体可能变成液体，甚至是固体。

气体填满容器时，其分子会对容器壁施加**力**。温度升高时，气体分子移动速度和距离会加大；如果压缩容器体积，气体分子会"老实"下来，变成液体。

水分子

表示压力的帕斯卡

最初，人们用大气压为单位来测量压力。而对于压力的单位用什么来表示，进行了很长时间的争论。最后，科学家们决定，用帕斯卡（简称"帕"）来表示压力的测量单位。一个大气压相当于101325帕斯卡。

在一个较大的体积内，单位面积上碰撞的粒子数较少。

在一个较小的体积内，单位面积上碰撞的粒子数量较多。

气体分子会不断地向各个方向移动，充满整个空间。

气体的压力是气态粒子与容纳它的容器壁发生碰撞所产生的压力。

◎关键词：气体与气态

气体与气态之间是有区别的。气体是物质的一个状态，而气态是物质的一种状态。

古老冷罐的制冷秘密

在非洲，有一种古老的制冷器皿——冷罐，这种冷罐是用大小陶罐相套，外层的大陶罐有许多小孔，大小陶罐中间用一层湿湿的沙子填充，小陶罐用来保存食物。在干燥环境中，湿沙里面的水分会蒸发，并通过外陶罐的小孔排出。由于水分蒸发会吸收热量，也就是说罐体会吸收热量，这样一来，冷罐小罐内部的温度就会比罐子外面的温度低，有利于保存食物。

据史书记载，古代非洲的制陶工就是利用**蒸发吸收热量**的原理，发明的**冷罐**。

小孔

冲出表面！
我们自由啦！

当物质成为气态时，必须吸收周围环境中的能量，以破坏**液体**内存在的**分子间作用力**。蒸发是吸热过程。换句话说，气态是一种比液态更有能量的状态。

在某些特定条件下，只有暴露在液体表面的"破坏"分子才会发生蒸发现象。

在大多数液体中，分子运动可以克服"**凝聚力**"。在这种情况下，一些分子冲破液体表面并**蒸发**。相反，当**环境温度降低**到一定程度时，分子间的**作用力**可以约束住分子的运动，气态物质就变成了液态物质，即**凝结**。

加热时液体体积增大：加热时，分子移动得更快，分开得更远。人们利用液态汞或其他液体热胀冷缩的性质，发明了温度计。

液体状态是物质的中等能量状态，加热可以把液体变成气体；低温又能把它变成固体。

冷罐

物质的三态变化只是形态上的改变，没有新物质生成，属于**物理变化**。而像木柴燃烧、铁生锈等变化，有新物质生成，这种变化叫**化学变化**。

43

水分子的排列

水有三种状态——液态水、固态冰和气态水蒸气，它们都是由水分子组成，水分子的排列方式会直接影响水的三种状态。水分子就像一块块拼图，用不同的方式来摆放，会呈现出不一样的状态。在水的三态中，组成冰的水分子之间距离最小，水蒸气最大。在水分子之间，存在着分子间的作用力，只有温度变化到一定程度时，这种作用力才会被改变，水才会呈现出另外一种状态。

水结冰不仅与温度有关，还需要有**凝结核**。当温度降低到冰点以下时，还不结冰的纯净水，称过冷水。

冰与水的体积之谜

水结成冰后，体积会有所变化。这是因为温度在4摄氏度时，水分子间的作用力达到最大，甚至比结冰状态下水分子间的作用力还要大，这也就使得这一温度下的水分子结合得更加紧密，体积也就更小了。

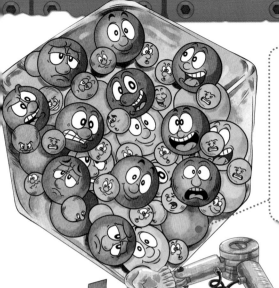

固态水 也就是冰。形成固态冰以后，水分子之间的力比较大，使得它们可以保持固定的形态。

气态水：水在气体状态下，分子之间作用的力非常小。水蒸气分子会脱离分子间的作用力。单个水分子在空气中移动起来，并彼此碰撞，使其飞向四处。

液态水：在液态情况下，水分子虽然连在一起，但比较松散，分子间的力比较弱，彼此可以自由滑动，所以水可以流动。

◎ 关键词：凝结核

物质由气态转化为液态，或由液态转化为固态，或由气态直接转化为固态的过程中，起凝结核心作用的颗粒，被称为凝结核。

温度的力量

自然状态下，温度在0摄氏度以下时，水分子间的作用力将分子紧密连接在一起，最终结成冰；当温度逐渐升高时，分子间的作用力就会不断受到冲击，水分子会慢慢散开，冰最终融化成水；当温度升高到100摄氏度以上时，水分子会完全脱离分子间作用力的束缚，最终形成水蒸气。当然，这里说的是纯净水。如果是含有一定杂质的水，温度会有一些变化。

中等能量状态——液态

液体状态是物质的中等能量状态，加热可以把液体变成气体；低温又能把液体变成固体。一般情况下，液体的表面像有一层膜一样，分子之间的吸引力会形成表面张力，比内部的分子结合得更紧密。水黾能表演"水上行走"的绝技，主要原因就在于此。液体分子虽然不像气体分子那样"自由奔放"，但它可以随意流动。液体受热时会膨胀，当受热到一定程度，分子间距就会增大，分子间作用力会大大减小，液体就蒸发成气体。

分子运动可以克服凝聚力。加热液体时，一些分子运动加快，并冲破液体表面而蒸发。

当大锅咕嘟咕嘟地起泡时，就意味着**沸腾**时间到了。

◎ 关键词：沸腾

沸腾是指给液体加热，其温度超过其饱和温度时，液体内部和表面同时发生剧烈汽化的现象。

液体沸腾的温度称为它的沸点。同一种液体的沸点会随外界的大气压强变化而改变。

液体分子间的**结合力**，比固体分子间的结合力弱很多。本来液体分子是愿意结合在一起的，可**沸腾**打破了这种结合，使分子趋于独立，逐渐变成气体。

乙醇的沸点是78摄氏度，水的沸点是100摄氏度。随着分子变大，物质的沸点会逐渐升高。乙醇（C_2H_6O）有9个原子，比水（H_2O）的原子要多，但它的沸点为何比水的沸点低呢？原来，水分子之间还存在一种更强的分子间作用力——氢键，这种作用力会极大地约束水分子之间的运动，从而极大地提升了水的沸点。

煮不"开"的水

我们所说的水"开与不开"，是指水能否达到100摄氏度。我们知道，水的沸点与外界的大气压有关，而在海拔较高的青藏高原，大气压会比较低，因此，水会在低于100摄氏度的温度下沸腾。这就是在高原烧水烧不"开"的原因。

探秘晶体的内部

　　固体状态是物质的最低能量状态。固体的内部结构稳定，受热后，其内部的粒子就会开始振动。当温度升高到一定程度时，固体就要变成液体。如果液体冷却的过程足够慢，能够让其中的粒子有充足的时间有规律地排序，形成尽可能多的化学键，并保持原子之间的距离，这样，就形成了具有一定规律的固体结构——晶体。

　　自然界当中，很多矿物都是以**晶体**的形式存在的，比如**石英**和**金刚石**等，它们大多数是由地球内部熔化的岩石冷却后形成的。这些晶体有着不规则的几何外形，晶莹剔透，光彩夺目。但不是所有具有这样特点的物质都是晶体，像厨房里做菜用的**食盐**属于晶体，而生活中常见的玻璃就不属于晶体。

通过显微镜观察到的食盐晶体的形状。

带正电的钠离子和带负电的氯离子相互吸引，从而形成了新的化合物，氯化钠，它的固体就是食盐晶体。

电子

晶体的原子模型

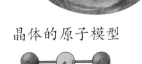

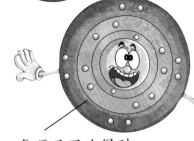

氯原子因为得到一个电子，而变成了带负电荷的氯离子。

钠原子因失去电子而变成了带正电的钠离子。

晶体会形成每个面都是平面的几何多面体固体。结晶固体的形状取决于颗粒在空间中的排列，即取决于其**晶格**。

◎ 关键词：晶格

晶格的结构包括：结点，即晶体原子所在的点；晶列，即结点的集合，有固定的距离；晶胞，即晶体结构的最小重复单元。

莫氏标度

化学家莫斯曾做过一个固体的刮擦实验，并按照实验结果，排列出这些矿物质硬度标准，并给这个标准起了名——莫氏标度。在莫氏标度里，从1到10级别硬度对应的物质分别是：滑石、石膏、方解石、萤石、磷灰石、正长石、石英、黄玉、刚玉、钻石。

非晶体的原子模型

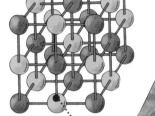

如果液体迅速冷却，其粒子间没有时间形成有序结构排列，就会形成**非晶态固体**，例如玻璃。

玻璃

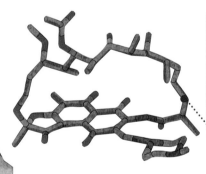

滑石　方解石　萤石　磷灰石　正长石　石英　黄玉　刚玉　钻石

石膏

干冰的"烟雾"

你了解干冰吗？在晚会上，我们常常能见到烘托气氛的白色"烟雾"，这些"烟雾"就是干冰制造的效果。如果把干冰放到一个大瓶子里，瓶子里瞬间就会出现浓浓的白色"烟雾"。我们知道干冰是固态的二氧化碳，那么这些"烟雾"是二氧化碳气体吗？

答案是否定的。首先，我们了解一下升华。固体吸收热量直接变成气体，这一过程称为升华。在实验中，把干冰放入瓶子里，干冰会升华成二氧化碳气体，并降低周围空气的温度，于是，空气中的水蒸气就凝结成很多小水滴。所以，瓶子里的"烟雾"是由小水滴组成的。

过程相反，即气体直接变为固体，称为凝华。

电灯泡变黑

物质不经过液态，直接从气态变为固态的过程叫凝华。形成凝华需要气体的浓度达到一定要求，而且温度要低于凝固点的温度。用久的电灯泡变黑就是凝华现象。电灯泡工作时，钨丝受热升华成钨蒸气，而后钨蒸气会在灯泡壁上遇冷凝华成一层薄薄的固态钨。

五水硫酸铜常温下很稳定，当加热到150摄氏度左右，它的5个分子结晶水会升华，变成水蒸气脱离，生成无水硫酸铜。无水硫酸铜是吸湿性很强的干燥剂。

食盐放进食用油里

氯化钠是一种离子化合物，俗称食盐。我们做个小实验，把一勺食盐放入一杯花生油里，发现食盐很难溶解。接下来，将一勺食盐倒入一杯水中，食盐很快就消失在水中，这是为什么呢？

要了解这个问题，先要知道两个概念：溶液和溶剂。

化学中，一种或几种物质分散到另一种物质里，形成均一、稳定的混合物叫**溶液**。如果一种物质极易溶于溶剂，则称为**可溶性物质**。如果它几乎不溶解，则是**不溶性物质**。

溶剂：是指能溶解其他物质的物质。最常见的溶剂是水。被溶解的物质叫**溶质**。溶质可以是固体、液体或气体。

为了溶解，溶质的粒子必须打破原有的化学键，并与溶剂的分子一起产生新的化学键。同样，也必须克服分子之间的作用力。

上面的实验，说明食盐不溶于花生油，而溶解于水，其中，水是溶剂，食盐是溶质。

氯化钠在水中解离成单独的钠离子和氯离子，并与水分子结合。

52

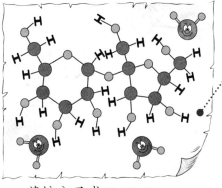

蔗糖分子式C$_{12}$H$_{22}$O$_{11}$

蔗糖在水中能分散成无数个分子（水分子喜欢糖分子中的氢氧基团）。

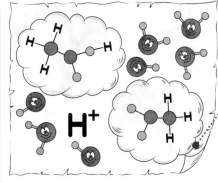

H$^+$

醋酸分子式CH$_3$COOH

醋酸溶液包含氢离子H$^+$、醋酸根离子CH$_3$COO$^-$和以分子形式存在的CH$_3$COOH等。

什么是乳化

乳化是指一种液体悬浮在另一种液体中的现象。例如蛋黄酱，就是由悬浮在醋中的微小液滴组成。在通常情况下，油和醋会分层，但加入少量的蛋黄和芥末就会乳化。

有机溶剂清洗有机物

溶质与溶剂之间的化学键，比溶质和溶剂本身之间的化学键更强时，溶质可溶于溶剂。在溶解过程中，溶质离子和溶剂离子之间形成新的化学键的过程，被称为溶剂化。

水溶液中，水就是溶剂。然而，还有很多其他的溶剂，如酒精、丙醇等，它们被称为有机溶剂。在生活中，水洗洗不掉的污渍，比如口红、油渍、墨水印，可以用有机溶剂来清洗。

食盐和小苏打谁易溶于水

碳酸氢钠俗称小苏打，它可以把面食变得胖胖的。小苏打和食盐谁更溶于水呢？要搞清楚这个问题，我们先要知道溶解度这个概念。一种溶质完全溶解在某种溶剂中时，是有一定的限度的，超过这个限度，过量的溶质将不再溶解。这个限度便是该溶质在这种溶剂当中的溶解度。

在室温下，100克水中最多可溶解10克的碳酸氢钠，却可以溶解36克氯化钠（食盐）。因此，碳酸氢钠在水中的**溶解度**小于氯化钠，即食盐更易溶于水。

如果**温度升高**，溶液中粒子的能量和运动速度就会加快，从而打破更多的溶质粒子之间的分子键。也就是说，温度升高后，同样的水中就可以溶解更多的碳酸氢钠。当然，如果**温度降低**，溶解度就会下降。

◎关键词：溶解度

一定温度下，在100克溶剂里，某种物质达到饱和状态下所溶解的克数，叫这种物质在这种溶剂里的溶解度。

单位溶液里所含溶质的量叫作该溶液的浓度。比如往装有35克氯化钠的容器内不断加水，直到**溶液**达到1升。此时溶液的**浓度**为35克/升。

如果溶质是固体，它的形状也能影响溶解度的大小。当固体被精细地分解成很小的部分，其溶解的速度会加快。另外，搅拌也可以加速溶质的溶解。

极性与非极性

结构对称或者完全一样的分子一般是非极性分子。相反情况则是极性分子。水的分子结构不对称，它是极性分子。极性分子的物质大都溶于水，非极性分子的物质大都很难溶于水。

甲烷（CH_4）是完全对称的非极性分子。水分子避开它，它的溶解度很低。

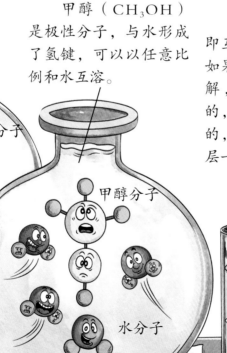

水分子

甲烷分子

甲醇（CH_3OH）是极性分子，与水形成了氢键，可以以任意比例和水互溶。

甲醇分子

水分子

液体与液体相溶即互溶。也就是说，如果两种液体彼此溶解，它们就是互溶的，否则就是不互溶的，就像油和水会分层一样。

不互溶

油

水

互溶

色素

阿伏伽德罗常数和摩尔

阿伏伽德罗常数是化学中一个特别重要的概念。准确地说，阿伏伽德罗常数其实是一个表示每摩尔物质中有多少个粒子的数据。这个数写出来，是6022后面跟着20个"0"。通过这个常数，我们能准确地知道在某个压力和温度下，一定量的任何气体中能有多少个粒子。

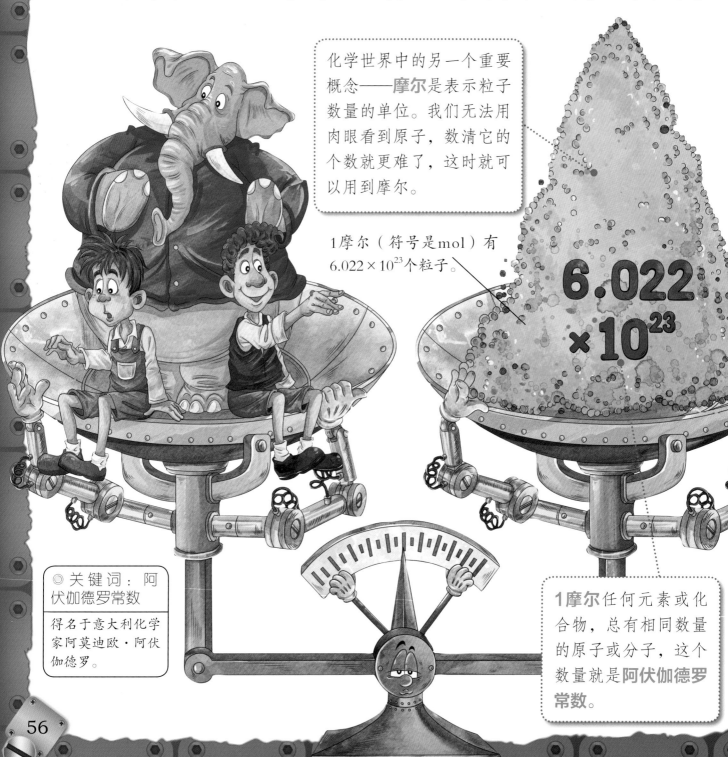

化学世界中的另一个重要概念——**摩尔**是表示粒子数量的单位。我们无法用肉眼看到原子，数清它的个数就更难了，这时就可以用到摩尔。

1摩尔（符号是mol）有 6.022×10^{23} 个粒子。

6.022 ×10²³

◎ 关键词：阿伏伽德罗常数

得名于意大利化学家阿莫迪欧·阿伏伽德罗。

1摩尔任何元素或化合物，总有相同数量的原子或分子，这个数量就是**阿伏伽德罗常数**。

原子的质量单位为 1.66×10^{-24} 克，是碳-12原子质量的1/12。

我们把1摩尔单位物质的质量称为该物质的摩尔质量。每种元素1摩尔的克数，等于该元素的摩尔质量。

要得到一个原子的质量，只需将原子的原子质量乘以 1.66×10^{-24} 克，我们试着来计算一下碳-12原子的质量。

计算公式为：

$$12 \times 1.66 \times 10^{-24} \times 6.022 \times 10^{23} = 12$$

碳-12原子质量是12。

1摩尔不同物质的质量并不相等

某一元素的摩尔质量就是该元素的原子质量乘以1摩尔的原子的数量，也就是阿伏伽德罗常量，即 6.022×10^{23}。但是，由于每种元素原子的质量并不相同，所以1摩尔的各种元素质量并不相等。比如1摩尔的氢原子质量很轻，因为氢原子本身就很轻，1摩尔锶的质量要重一些，因为锶的原子比氢的原子重。

化学的魔法

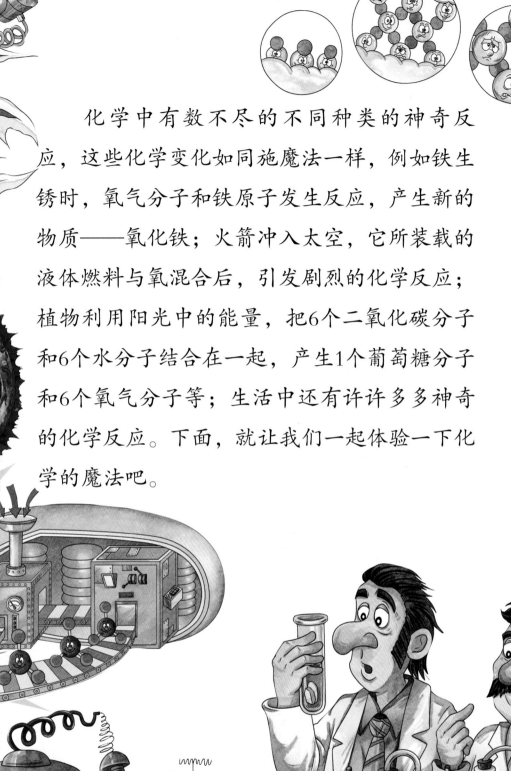

　　化学中有数不尽的不同种类的神奇反应，这些化学变化如同施魔法一样，例如铁生锈时，氧气分子和铁原子发生反应，产生新的物质——氧化铁；火箭冲入太空，它所装载的液体燃料与氧混合后，引发剧烈的化学反应；植物利用阳光中的能量，把6个二氧化碳分子和6个水分子结合在一起，产生1个葡萄糖分子和6个氧气分子等；生活中还有许许多多神奇的化学反应。下面，就让我们一起体验一下化学的魔法吧。

人类最早掌握的化学反应

燃烧是人类最早掌握的化学反应。原始时期，一场森林大火留下了很多烤熟的动物，原始人在食用这些美味的食物后，就开始保留火种，来烤制猎物了。钻木取火的方法发明出来以后，让火的获得变得更加容易。从此，火一直伴随着人类文明的发展。

从化学的微观角度看，被点燃的木柴内部，就像发生了大地震，里面的分子们混乱一团，原子间的化学键随时会断裂。

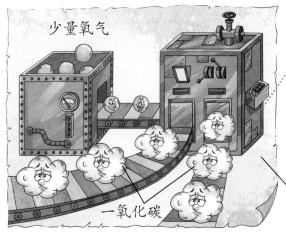

少量氧气

一氧化碳

足量氧气

二氧化碳

氧气的含量会影响燃烧。参与燃烧反应的氧气含量不同，得到的产物也可能不同。

如果炭和少量氧气反应，会产生一氧化碳。

如果炭能够和足量的氧气反应，就会生成二氧化碳。

可燃物在空气或氧气中燃烧时，必须要达到该物质着火燃烧所需要的最低温度，这个最低温度，被称为该物质的着火点。不同的物质，着火点是不同的。着火点又被称为燃点。

◎ 关键词：可燃物

可燃物是指可以燃烧的物质。在化学中，凡是能与空气中的氧或其他氧化剂起燃烧反应的物质都可以称为可燃物。可燃物不一定只能与氧反应，例如镁可在二氧化碳中燃烧，那么镁就是可燃物。

氧分子

氢分子

碳分子

蜡烛的燃烧

物质的分子运动越剧烈，温度就越高。如果超过某一温度，它就会在一瞬间和氧气结合，放出大量的热量，这就是燃烧。

蜡烛的燃烧，不是固体的蜡在燃烧，而是蜡烛里的棉芯被点燃，放出的热量使固体蜡变成气体的蜡，蜡烛的燃烧是气体蜡在燃烧。

61

阻燃反应

燃烧是人类最早掌握的化学反应。可以说，它的出现改变了人类发展的进程。但是，有些意外发生的燃烧，脱离了人们的掌控，会给人们带来危害。这样的燃烧，就要立刻进行阻止。

泡沫灭火器在使用时，要先按下把手，让放气阀打开，使气体进入水面上的空间。

◎ 关键词：阻燃剂

阻燃剂是使易燃物难以燃烧的功能性助剂。阻燃剂的类型比较多，如果按照使用方法来分，可以分为添加型阻燃剂和反应型阻燃剂。

气匣中的二氧化碳压力很高，它为灭火器提供了所需的压力。

水可以降低燃烧物的温度，所以水基型灭火器可以扑灭由纸、木头、稻草等物体燃烧造成的火灾。

常见的灭火器有两种，即泡沫灭火器和干粉灭火器。泡沫灭火器喷出的是含有二氧化碳的泡沫；干粉灭火器喷出的是二氧化碳气体与粉末的混合物。两种灭火器都是利用二氧化碳阻断火焰与氧气接触，从而阻断燃烧反应，熄灭火焰。

发生**森林大火**时，消防员一般会在森林大火蔓延的路上，挖出足够宽的**隔离带**，使隔离带中没有任何可燃物存在，大火不能继续蔓延，隔离带以内的可燃物燃烧完全后，大火自然就熄灭了。

汽油着火可以用干粉灭火器灭火，还可以用沙土覆盖在汽油上，将汽油与空气中的氧气隔绝，以达到灭火的目的。

热水和冷水哪个灭火效果好？

灭火时是用冷水好呢？还是用热水好呢？

要知道，可燃物在到达燃点时，才会燃烧，而到达燃点需要升高温度。如果使温度降到可燃物的燃点以下，那么可燃物就不会燃烧了。一般认为，想要降低温度，自然是冷水比较好了。其实不然，冷水虽然可以吸热降温，但热水汽化所需的热量要比冷水变成热水吸收的热量大得多。用热水灭火能迅速降低温度，效果比冷水更好。

冷水

热水

液体火箭的升空

　　液体火箭是一种以液体火箭发动机作动力装置的火箭。液体火箭通过泵将氧化剂和燃料分别泵入发动机的燃烧室，两种推进剂在燃烧室混合并燃烧。在发动机燃烧室里，燃料发生燃烧等化学反应，并产生大量高温高压气体，这些气体产生巨大推力，把火箭送到太空。

　　液体火箭的推进剂主要由两种液体组成，一般采用液态氢和液态氧。氢氧之间的燃烧反应在极高的温度中进行，化学反应产生的水蒸气，以极高的速度从发动机的尾部向后喷射，来推动火箭前进。

◎ 关键词：液体燃料
是燃料中的一大类，是能产生热能或动力的液态可燃物质的统称。

固体燃料助推器通常以硼氢化钠、二茂铁及其衍生物等做燃料，可持续燃烧一段时间。

在**固体燃料推进剂**中添加纳米级铝或镍的微粒，每克燃料的燃烧热能可以增加1倍。

主发动机内部构造

液态氧　液态氢

燃料泵

燃烧室

推进器向下喷射气流，帮助火箭升空。

火箭推力

地球引力

化学火箭的燃烧室通常呈圆柱形，其尺寸要满足推进剂充分燃烧，所用推进剂不同，尺寸不同。

固体火箭发动机的燃料是什么？

固体火箭发动机的燃料是固体推进剂。

固体推进剂由油灰或橡胶状的可燃材料构成，是燃料和氧化剂的混合体。固体推进剂点燃后在燃烧室中燃烧，产生高温高压的燃气，即把化学能转化为热能；燃气经喷管膨胀加速，热能转化为动能，以极高的速度从喷管排出，从而产生推力，推动火箭或导弹向前飞行。

固液混合火箭使用固体和液体混合的推进剂，也有的使用高能电源将惰性反应物送入热交换机加热，所以它不需要燃烧室。

钠原子：钠原子为烟火释放光的主体，主要释放黄光。

释放的光

焰火颜色的秘密

　　节日的夜晚，爆竹声声。在夜空中绽放的烟火，更是常常让我们惊叹不已。这些烟火是怎么制造出来的呢？其实，这些炫丽的颜色，来自于烟火中的金属离子。金属受热、燃烧时，金属原子的核外电子会吸收大量的能量，这些能量让原子核外的电子在不同能级轨道上来回跃迁。这个过程中，多余的能量会以光的形式释放出来。不同的金属原子结构不同，核外电子来回跃迁，释放出的能量也不相同，这就导致了每一种金属在受热燃烧时，都会形成特殊颜色的火焰。

鞭炮爆炸的原理和焰火差不多。鞭炮中的火药被点燃后，温度迅速上升，产生大量气体，使得鞭炮的内部压力大于外部的压力，鞭炮便爆炸了。

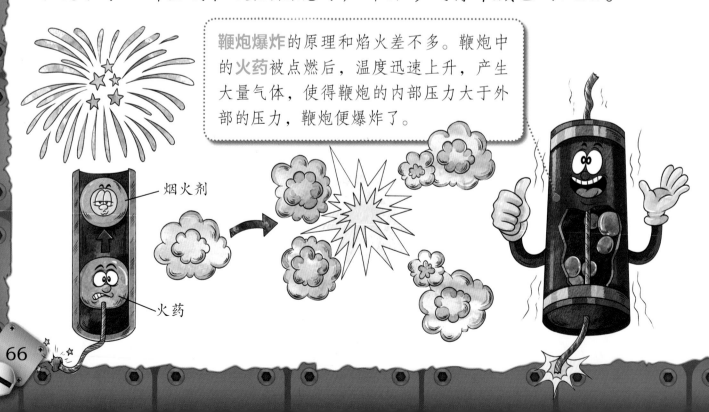

烟火剂

火药

電子　　　　　　原子核

電子逃回通常軌道

光实际上也有颜色，而每一
种颜色的光，都对应着相应
的**波长**。红光的波长最长，
紫色光的波长最短。

受激电子：热能导致
原子里的电子跳入能
阶较高的新轨道上，
同时以特定的波长释
放光。

五颜六色的焰火

不同的金属燃烧时，火焰的颜色不同，这种现象被
称为"焰色反应"。在南北朝时期，焰色反应就被我国
著名的炼丹家陶弘景意外发现了。陶弘景发现丹药能够
让火焰变成青紫色，其实，这主要是丹药中的硝酸钾的
含钾元素燃烧的结果。这个奇妙的现象，被他记载到自
己的著作《本草经集注》中了。如今，人们利用焰色反
应，在爆竹中加入某些特定的金属粉末，当这些金属粉
末在空中燃烧时，就会发出五颜六色的光。

镁　　　铜　　　钙　　　锂　　　钠

会燃烧的金属

钢丝棉

木头和干枯的野草可以燃烧，煤炭和石油也能燃烧，其实很多人不知道，金属也是能燃烧的。不过，金属要呈现某种形式时才能燃烧起来。比如把一块厚厚的铁块放在火焰上，是燃烧不起来的，铁块很可能会把火焰压灭。不过用铁做成的钢丝棉，却是可以轻易被点燃的，而且还会发出绚丽的火花。

活跃的铁原子：
在钢丝棉中，有更多的铁原子接触到氧。

组成**钢丝棉**的钢丝就像线一样，增大了铁原子和氧原子的接触面积，在遇到火焰的时候，满足了燃烧条件，钢丝棉就会燃烧起来。

燃烧是可燃物与氧气或空气进行的快速放热和发光的氧化反应，并以火焰的形式出现。想要**满足燃烧条件**就要有可燃物、助燃物以及达到可燃物与助燃物发生燃烧反应的温度。

放大观察钢丝棉中的钢丝。

铁块的结构非常紧密，只有表面的铁原子能和氧气接触。用火加热时，表面的铁原子将热量转移给了内部的铁原子，无法满足燃烧条件。

铁块中的铁原子以规律且紧密的结构排列着，所以，只有表面上的原子受热，持续加热，也只是表面的铁原子将热能向内部的铁原子传递。

铁原子

铝块　铝粉

铝的燃烧特性

铝块一般不容易燃烧，且具有很好的防腐性能，因此被广泛应用在航空和汽车制造等领域。但铝粉却非常容易燃烧，而且燃烧速度极快，就像发生爆炸一样，因此铝粉常常被用作火箭的燃料。

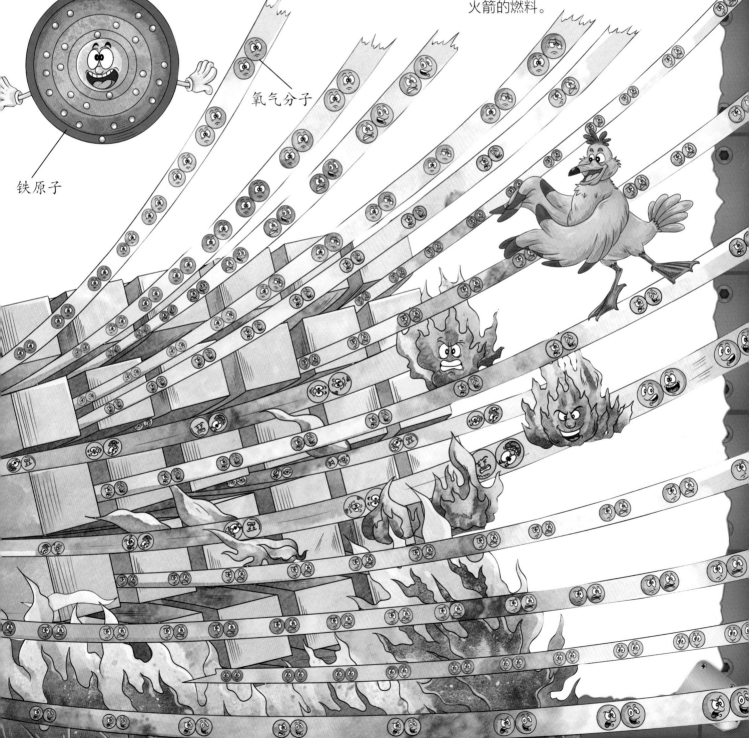

氧气分子

氧化反应

　　铁是一种非常重要的金属元素，在生活的许多方面都能见到它的身影，比如农业生产中的许多农具都离不开铁，建筑的混凝土里也有许多钢筋。铁看起来坚硬无比，能够承受很大的重量，但实际上，铁在某方面是很脆弱的。当铁与周围的水和氧气不断接触时，会生锈，而生锈的表面很容易被腐蚀。那么，到底发生了什么，让"钢铁硬汉"变得锈迹斑斑了呢？原来，这都是铁的氧化反应惹的祸。

铁离子

氢氧根离子

水分子与氧气分子发生反应，得到电子，从而产生氢氧根离子。

铁离子

铁原子

铁板

铁板

电子

电子

氧气分子

水分子

铁原子在水中与氧起反应，失去电子，变成铁离子。

电子流向

生锈的铁板

铁离子与氢氧根离子起反应，形成"锈"。

为了**防止铁被锈蚀**，人们想出了许多方法，其中一种方法就是在铁的表面，镀上一层更容易被锈蚀的金属——锌，这样钢铁在与空气和水接触时，被腐蚀掉的就是锌，而不是钢铁本身了。

铁原子

正极

锌离子

电子

负极

电子

锌

铁板

铁板

锌丢失电子比铁要容易，在水中被氧化时，锌就代替铁被腐蚀了，这样就阻止了铁板生锈。

海水是怎么征服轮船的?

在工业革命时代，防锈剂还没有被广泛使用，刚出现的铁制轮船看起来坚硬无比，然而海水却是它们的死敌。原来，水分子中的氧原子会与铁原子结合，形成带正电的亚铁离子，亚铁离子遇到水中的氢氧根，就会形成氢氧化亚铁。这种物质会使海水中的轮船船底进一步氧化，形成铁锈并从船底脱落下来，这就让更多的铁原子暴露在了海水中，继续受到海水的侵蚀。

油和水能混合吗？

将食用油倒进一杯水里，你就会发现，食用油一直漂浮在水的上面，为什么食用油和水无法混合在一起？这是因为，水和食用油的分子结构有很大区别，水的分子结构是不对称的，是极性分子，而食用油正相反，是非极性分子。按照"相似相溶定律"，非极性分子组成的物质，很难溶解于极性分子组成的物质。所以，当它们混合在一起时，极性分子将非极性分子排挤出去，这就是食用油和水无法混合在一起的原因。

油和水处于分离状态： 油会聚集在水的上面，是因为油的密度比水要小。

水分子

乙醇分子的正离子端和水分子的负离子端连在一起。

乙醇分子

钠离子

水分子

氯离子

氯化钠

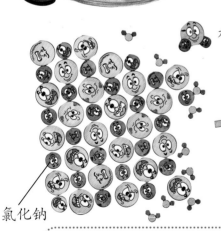

盐是**离子化合物**，在溶解于水的过程中，会分离成正离子和负离子，并由水分子分别围绕着。**乙醇**之所以能与水混合，是因为两者都具有极性。

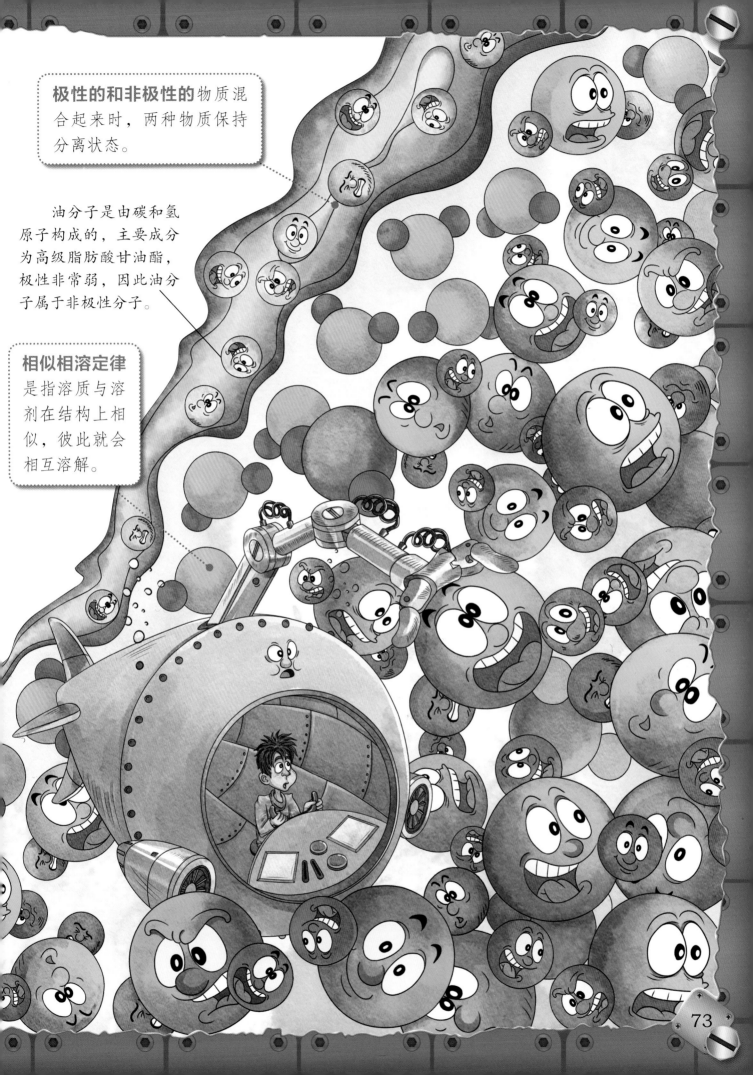

极性的和非极性的物质混合起来时，两种物质保持分离状态。

油分子是由碳和氢原子构成的，主要成分为高级脂肪酸甘油酯，极性非常弱，因此油分子属于非极性分子。

相似相溶定律是指溶质与溶剂在结构上相似，彼此就会相互溶解。

可怕的毒药——砒霜

在影视作品中，常常能看到古人吃饭时用银筷或银针试毒，如果银筷或银针变黑，就说明饭里有毒药——砒霜。这是为什么呢？原来，古代的砒霜（三氧化二砷）因为制作原因，其中常常含有硫化物等杂质，这些硫化物会使银筷或银针变黑，这是银的硫化反应。

银筷或银针接触了**砒霜中的硫化物**，并与其中的硫发生化学反应，生成了灰黑色的硫化银，银筷或银针就变黑了。

古埃及人很早就发现，砷在空气中燃烧后的物质是有剧毒的。为此，他们把它称作"火毒药"。

值得注意的是，虽然砒霜有毒，但是古代有些女性在美容过程中还会用到它，只是量比较少。

◎ 关键词：砷

砷元素的化学符号是As，是非金属元素。砷元素广泛存在于自然界中，目前被发现的砷矿物已经有数百种之多。

古希腊人也知道砒霜、雄黄、雌黄都是含砷的化合物，所以把雄黄叫作"红砷"，把雌黄叫做"黄砷"，而把砒霜称为"白砷"。

白砷

红砷

黄砷

能吃砷的神奇微生物

很多动物都能被砒霜毒死，但是，世界上却有一种神奇的微生物——希瓦氏菌能够吸收砷，并可以把它消化掉。

希瓦氏菌是以金属为主要食物的微生物。金属经过它的消化后，生成金属化合物，被排出体外。

在希瓦氏菌的食谱上，砷的名字赫然在列。将其放入砷溶液中，它会将砷吃掉，消化成硫化砷，再排出体外。而硫化砷是没有毒的。

化石能源的形成

石油、天然气、煤炭是人类能源的三大基石！它们是如何形成的？

在亿万年前，地壳发生剧烈变动，许许多多动植物死亡后被埋入地下或沉于海底，它们在高温高压下，发生了一系列的化学反应，逐渐形成有机物聚集体——化石能源。这些有机物聚集体就是我们现在使用的石油、天然气、煤炭。

燃烧是一种剧烈的氧化还原反应，能将**化石燃料**中的碳—碳键打断，从而将化学能释放出来，供人类生产生活使用。

煤

光合作用不仅成为一切生命体能量的基础，也让人类享受到沉积了亿万年的化石燃料遗产。所以，化石燃料中的化学能依然来自太阳，化石燃料只是太阳能的一种存储方式而已。

地球上的植物通过**光合作用**，将水和空气中的二氧化碳转化成糖类等有机物质。光合作用的本质就是植物将太阳能转化储存在碳—碳键中，变成化学能。

人类利用太阳能的历史

据记载，人类利用太阳能已有上百年的历史。15世纪，法国工程师发明了世界上第一台太阳能"发动机"，这是一台利用太阳能加热空气，使其膨胀的机器，它能进行抽水操作。如今，世界很多国家都在研制太阳发动机，这些动力装置几乎全部采用聚光方式采集阳光，但这些发动机功率普遍都不大，且价格昂贵。

◎ 关键词：化石燃料

化石燃料包括煤炭、石油和天然气等，是不可再生资源。

石油

光合作用

地球上的植物为我们制造了氧气，植物的每片叶子都是一个"绿色工厂"！在阳光的作用下，通过"绿色工厂"，可以不间断地把二氧化碳和水转换成有机物，并释放氧气，这个过程就叫作光合作用。在光合作用当中有新物质生成，所以这就是化学变化。

光合作用可分为光反应和暗反应两个步骤。光反应分解水，产生氧气，将光能转变成化学能，为暗反应提供能量和还原剂。暗反应是在有关酶的催化下，将二氧化碳转化成葡萄糖的循环反应。

这个"绿色工厂"除了主要生产氧气，还有许多副产品呢！比如地瓜和土豆中的大量淀粉，小麦中的蛋白质，花生、芝麻中的脂肪，水果中的糖和多种维生素等。

◎关键词：叶绿体

叶绿体是绿色植物细胞所特有的，绿色植物的光合作用就是在叶绿体中进行的。

线粒体与植物的呼吸密切相关。

细胞壁就像细胞穿的外衣，主要由纤维素构成，具有一定的硬度和弹性。

植物细胞

液泡

内质网

细胞核

高尔基体

线粒体

细胞质

叶绿体

液泡用来转运和储藏养分、水分和代谢产物。

细胞里缓慢流动着的、黏糊糊的物质就是**细胞质**。它主要由蛋白质组成，有一定的弹性。细胞质里散布着许多能控制植物生命活动的微小粒子——**细胞器**，如叶绿体、液泡、线粒体等。

细胞核被一层**核膜**包裹，膜内充满核液，核液中分布着染色质，还有圆形的**核仁**。细胞核里有DNA，它能帮你找到这株植物的整个大家族。

叶绿体

叶片上一个个的气孔是工厂的大门，"原料"和"产品"通过这里输送；表皮细胞构成了并不太坚固的围墙；在栅栏组织和海绵组织这两个车间里，有数不清的高效运转的机器——叶绿体，叶绿体由双层膜、类囊体和基质三部分组成。类囊体是单层膜围成的扁平小囊，沿叶绿体的长轴平行排列。膜上含有光合色素和电子传递链。光能向化学能的转化是在类囊体上进行的。

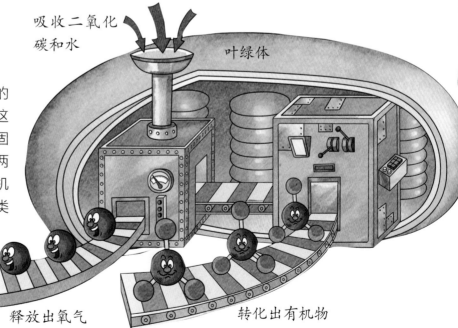

吸收二氧化碳和水

叶绿体

释放出氧气

转化出有机物

在可见光的照射下，将二氧化碳和水转化为有机物，并释放出氧气。植物之所以被称为食物链的生产者，是因为它们能够通过光合作用，利用无机物生产有机物并且储存能量。

制造中的化学

你们知道吗？漂亮的玻璃是由不起眼的沙子变来的，是不是很神奇？造纸术是我国古代四大发明之一，现在的造纸工艺突飞猛进，生产纸张的原料还是树皮和竹子吗？不知何时，塑料制品来到了我们身边，袋子、架子、瓶子等都是塑料做的，那么，生产这些物品的原料是如何而来？这些问题是不是很有趣？下面，就让我们一起揭开它们的神秘面纱吧！

电镀的魔法

　　铜器变成了闪闪发光的银器，这是什么魔法？其实这是利用了电解的原理，把铜器放入含有金属银的溶液中，通过电解的作用，在铜器的表面镀上一层薄薄的银。这种方法还可以在塑胶或陶瓷的表面铺上一层金属层。下面就让我们了解一下电镀的奥秘吧！

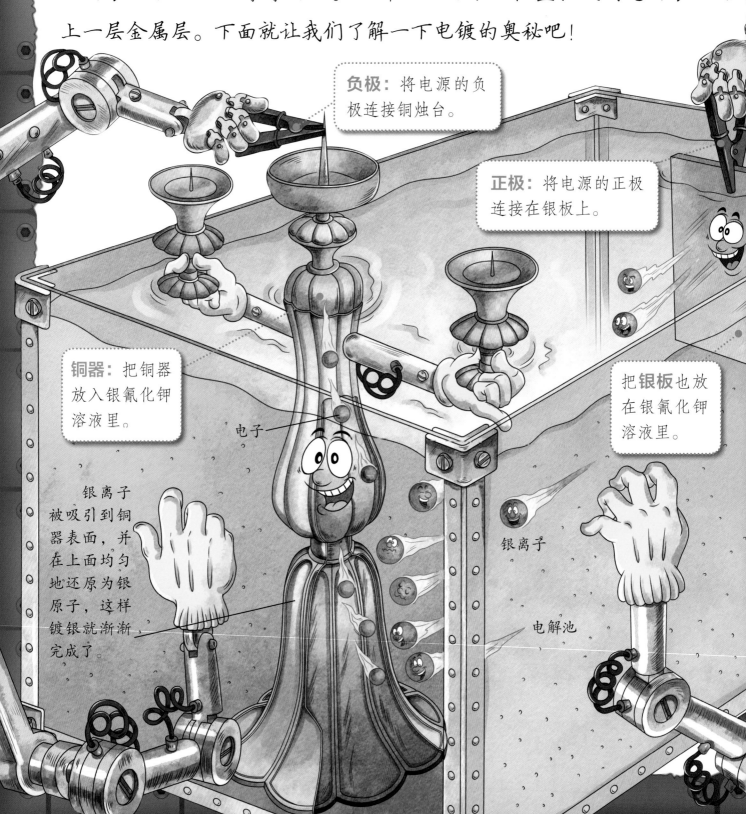

负极：将电源的负极连接铜烛台。

正极：将电源的正极连接在银板上。

铜器：把铜器放入银氰化钾溶液里。

电子

把银板也放在银氰化钾溶液里。

银离子被吸引到铜器表面，并在上面均匀地还原为银原子，这样镀银就渐渐完成了。

银离子

电解池

银离子：铜烛台和银板构成了一个完整的回路，当启动电源后，就会有电流通过。银板里的一些银原子失去电子，进入到银氰化钾溶液里，成为带有正电的银离子。

19世纪的欧洲，银制器具非常流行，但纯银成本价格较高，让人望而却步。一对来自英国伯明翰的兄弟，发明了电镀的方法，让铜器变成了闪闪发光的银器，满足了很多人使用银器的需要。虽然过去了100多年，电镀的基本方法依然没有改变，应用还越来越广泛。

镀锌的方法

钢铁一般容易生锈，使用寿命不长，因此工业上往往采用镀锌的办法，来延长钢铁的使用寿命。对需要镀锌的钢铁进行清洁处理，然后放入含有锌的电解液里，这样，就会不断地把锌镀到钢铁上。

卷成圈

冷却

浸在熔融锌里

加热

清洁

热浸镀锌法

薄铁片

制造塑料水桶的奥秘

制作塑料产品时，通常会采用一种叫作"热固型树脂"的材料，这种材料的质地十分坚硬，加热后产生化学变化，逐渐硬化成型，再受热也不会软化变形，而且也不会发生任何化学反应，因此用这种材料制作出的产品，十分安全可靠。像超市里常见的塑料水桶和饭盒，基本上都是采用这种材料。

树脂颗粒是制造塑料产品的原料，将树脂颗粒和颜色颗粒一同倒入漏斗中。

熔融的树脂颗粒和颜色颗粒混在一起，被注入塑料桶的模子里。

等冷却以后，一个个塑料水桶就做好了。

热管加热： 热固型树脂的颗粒在经过温度极高的热管加热以后，这些颗粒就会变得非常柔软。

经过高温加热的树脂，**聚合物链**失去原来的硬度，彼此之间互相滑动，树脂变得柔软。

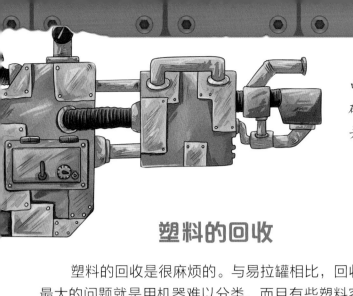

射出成形法是把树脂颗粒和颜料颗粒倾入漏斗中，这时热固型树脂是硬的，它的聚合物链相当坚硬，可是在旋转的巨大螺旋压力下，树脂穿过热管并熔化。

塑料的回收

塑料的回收是很麻烦的。与易拉罐相比，回收塑料最大的问题就是用机器难以分类，而且有些塑料容器有很多其他配料，将它们拆开的成本会比回收得来的塑料价钱还要高。而且，许多种类的塑料回收之后也没什么用，例如发泡胶。这类塑料就会跟垃圾一样，被埋在土里或烧掉。

塑化颗粒在料筒内受热达到熔融状态。

在**模腔**内保持冷却一定时间，**模具压制成型**后打开，取出制品。

螺旋杆搅拌

模腔内的熔融塑料在螺旋的极大压力下，穿过热管。

注塑机用**螺旋杆**将熔融塑料注入模腔。

涂料生产全纪录

涂料是常见的建筑材料，也是一种化学物质，在生活中随处可见。墙被刷上涂料后不仅显得更漂亮，还能给建筑带来一层保护。涂料一般都是由液体和固体组成的，液体也称黏合剂，里面包括水、树脂或者油等物质。正因为里面添加了树脂，涂料才会具有黏性，从而能更牢固地粘在物体表面，不易脱落；固体则是给涂料提供各种颜色的颜料。

染料和涂料的区别

涂料只涂在物体表面，而染料却不同，它是一种可以渗透进材料内部的物质。当染料渗到材料里面后，这个材料就会被里外都染成染料自身的颜色了。

为了防止**涂料**在使用之前变干，人们还会在涂料里面添加一些**化合物**。

◎ 关键词：天然涂料

在19世纪50年代以前，涂料大都是从天然植物中提取的，例如浆果或树叶。涂料的颜色是由加在里面的颜料决定的。现在的涂料基本上都是由化学物质制作而成的。

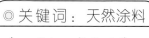
调漆

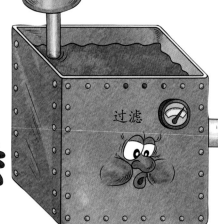
过滤

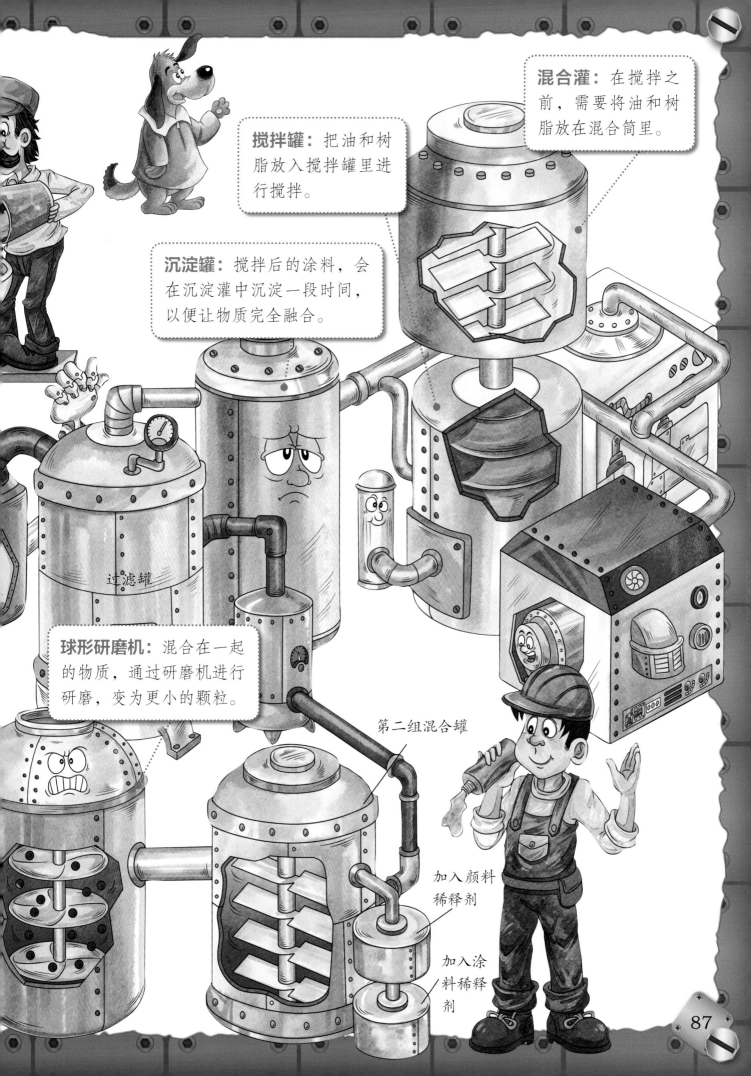

混合灌：在搅拌之前，需要将油和树脂放在混合筒里。

搅拌罐：把油和树脂放入搅拌罐里进行搅拌。

沉淀罐：搅拌后的涂料，会在沉淀灌中沉淀一段时间，以便让物质完全融合。

过滤罐

球形研磨机：混合在一起的物质，通过研磨机进行研磨，变为更小的颗粒。

第二组混合罐

加入颜料稀释剂

加入涂料稀释剂

纸是从哪里来的

纸是从哪儿来的？宋应星的《天工开物》中，详细地记录了纸的整个制作过程。如今，纸的制造工艺已经今非昔比，但是，造纸的原理还是一样的。我们将纸撕开时，断口处的丝丝纤维，显示着那是纤维素，它主要来源于树木纤维。下面我们就来看看纸是如何生产的吧！

原木送到纸张加工厂后，将它放进圆筒里滚转，打掉树皮。

去皮后的原木放进削切机。在那里，旋刀将它们切成小片。

将碎木片送入蒸煮器里。蒸煮器里放入化学药品，将木质素（树木里的胶质）溶解，留下木纤维，称为"木浆"。

纤维素的羟基有一个氧原子（黄色）和一个氢原子（红色）。

间隙中含有水分子

羟基

纤维素

经过丝网过滤后，有些羟基依然牢牢抓住水分子不放。

在干燥的纸张里，纤维素的羟基互相连接在一起。

浆幅沿着包有毛毯的带子移动，从加热的柱筒间经过，水分被除去，变得更紧密。

毛毯

用高度抛光的低温烫压滚筒将纸表面熨压光滑，再将它绕到大滚筒上。

88

将木浆清洗和漂白，之后送入**混合机**。在那里，它与水、一些用来提高质量的矿物混在一起，得到光滑的混合物，即"纸浆"。

将纸浆送入**造纸机**，在这里，**金属筛**承载着纤维不停地摇动，水被漏掉，而纤维结在一起，形成了湿湿的纸浆带，称作**浆幅**。

真空吸收器吸去更多的水分，并用滚筒轻轻地将纤维压在一起。

卷成大筒的纸进一步切割，制作成最终的纸制品。

沙子制造的玻璃

在工厂，斗车运来**沙子、碱灰、白垩、白云石和石灰石**，这些原料被装入储藏库。

玻璃制品在现代生产生活中的应用非常广泛，比如常见的窗户、瓶子等，化学实验用的很多器具也是玻璃制品。

玻璃基本上是沙子（硅），加上一定比例的石灰石、纯碱和其他物质混合后，通过多种方法加工而成。加工方法取决于制品的用途。接下来我们就一起去看看平板玻璃的制作工序吧。

◎关键词：玻璃纤维

是一种性能优异的无机非金属材料，是以叶腊石、石英砂、石灰石、白云石、硼钙石、硼镁石6种矿石为原料，经繁杂的工艺制造成的。

传送带将玻璃送到**退火处理室**（称为"退火窑"）。在那里，玻璃以一个控制好的速度冷却，防止碎裂。

玻璃在**160摄氏度**的温度下离开退火窑，再用风扇对它进行进一步冷却。

用合金刀具将玻璃裁切为大大的单片玻璃。细心地检查它们有无瑕疵，之后运送出厂。

退火处理室

玻璃和石英主要都由二氧化硅组成，但石英分子是井然有序的晶体网状结构，而在玻璃里则不是。

石英晶体

玻璃

白垩

白云石和石灰石

碱灰

将原料定好量后，与被称为"**玻璃碴**"的废玻璃混合。碎玻璃碴可以减少将原料熔化为玻璃的热量。

沙子

斗车

熔化炉

液态的玻璃漂浮在装有液态锡的池面上，锡可使玻璃形成非常光滑的表面。由于这时玻璃的温度远高于液锡的温度，所以，当它在锡液上漂浮的同时，也被冷却和硬化。

将混合物运至熔化炉。在1500摄氏度下，混合物在几分钟内便熔化成了玻璃液。

到达**锡液池末端**时，玻璃已被冷却到525摄氏度，它将离开锡液池被送上传送带。

石油的精炼

石油主要开采于地下，其中含有许多不同类型的碳氢化合物。这些化合物具有独特的化学性质和工业用途。石油在精炼加工过程中，较小的分子转化为汽油。要得到汽油等精细石化产品，首先必须把石油中的各个成分分离。下面，就让我们看看石油的精炼吧！

炼油厂对石油的分离技术叫做分馏，它的原理是：根据不同化合物的沸点不同进行加热汽化，不同的馏分在不同的温度下再次凝结。

加热炉对具有挥发性的原油进行蒸馏。原油是各具特征的馏分的混合物。

蘑菇状的**泡罩**盖在**集馏井**之间的出口处。蒸汽上升时顶起泡罩并流出去。

各馏分冷却到冷凝温度时，有的被滴入集馏井，其余蒸汽继续上升，一个馏分一个馏分地冷凝。

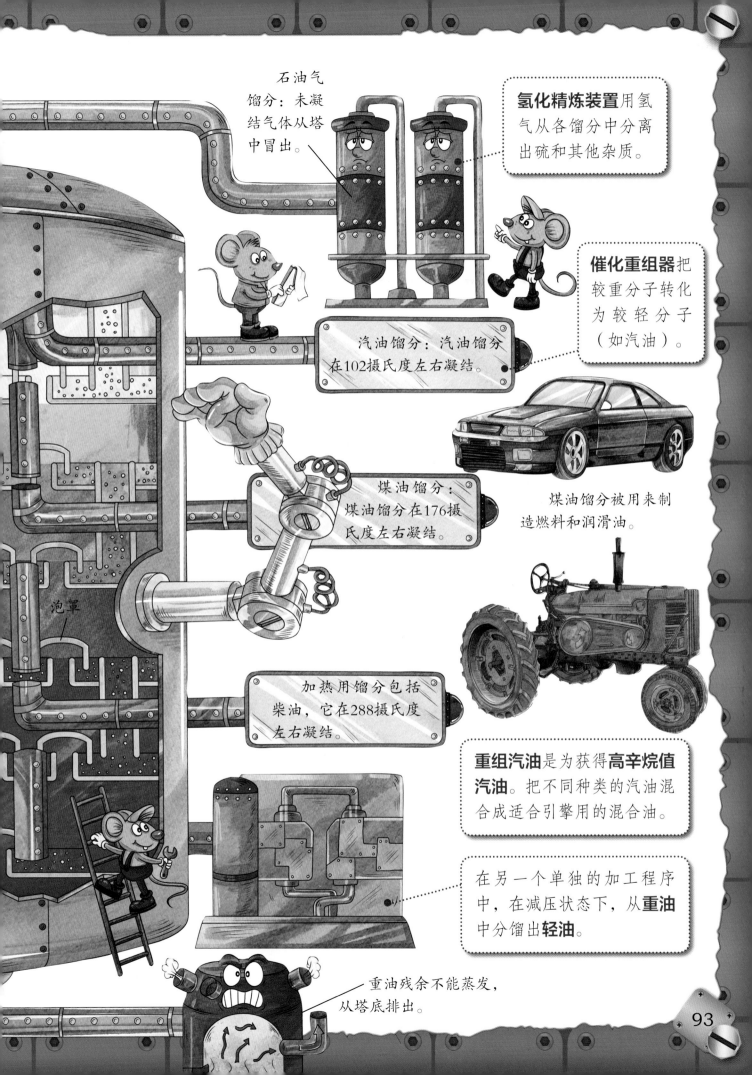

石油气
馏分：未凝
结气体从塔
中冒出。

氢化精炼装置用氢气从各馏分中分离出硫和其他杂质。

催化重组器把较重分子转化为较轻分子（如汽油）。

汽油馏分：汽油馏分在102摄氏度左右凝结。

煤油馏分：煤油馏分在176摄氏度左右凝结。

煤油馏分被用来制造燃料和润滑油。

泡罩

加热用馏分包括柴油，它在288摄氏度左右凝结。

重组汽油是为获得**高辛烷值汽油**。把不同种类的汽油混合成适合引擎用的混合油。

在另一个单独的加工程序中，在减压状态下，从**重油**中分馏出**轻油**。

重油残余不能蒸发，从塔底排出。

食物里的化学反应

面粉经过蒸煮或烘烤变得易于消化；牛奶中添加乳酸菌变成酸奶；鸡蛋煮熟后，由胶体变成了固体。其实，烹调美食也是一个个化学反应，美味的食物是化学反应的产物。在这些化学反应中，食物分子结构发生了各种变化，原子分离或重新组合而形成新的化合物美食。下面，就让我们一起去食物的化学反应里探究竟吧！

餐桌上的化学

化学好像很抽象，离我们的生活很遥远。其实，化学是一门存在于生活中的学科，在我们的身边无处不在，即使在我们的厨房里和餐桌上都有化学反应呢！

糊化反应：淀粉与水一起被加热后，变成半透明状胶体的现象。电饭锅里的糊化反应能让米饭变得软糯香甜。

◎ 关键词：酯化反应

酯化反应是醇跟羧酸或含氧无机盐生成酯和水的反应。酯化反应可以使某些食物更芳香，让人更有食欲。

人们在做菜时常加入老抽、生抽等调味料，它们在受热之后会与食材发生**酯化反应**，能够去除肉类食材中的腥味儿。

厨房里的"极品"——酱油、辣味和咖啡因

据说最早的酱油是由鲜肉腌制而成，因为风味绝佳渐渐流传到民间。后来，人们发现用大豆制成的酱油与之风味相似且更便宜。

辣味来自辣椒碱，它会在味蕾上产生化学反应，使味蕾感到"疼痛"。

咖啡豆中的咖啡因会刺激相关细胞产生化学物质，唤醒中枢神经。因此，咖啡有提神的功效。

在油锅中煎炸的肉类，其所含蛋白质发生了变化，口感和味道都有了改变。烧、烤、煎、炸产生的高温让蛋白质、油脂和碳水化合物发生**美拉德反应**。

美拉德反应越剧烈，散发出的香味越香浓，但是，如果反应时间太长，食物会变成焦炭，而温度过高时，会产生有害的物质。

舌头被谁欺骗了

　　甜甜的果汁、好看的水果糖也许不是用水果制作的，而是用食用香精调制出来的。原来，水果具有易挥发的芳香物质，研究人员通过化学的方法，把不同水果的芳香物质"抓"了出来，并生产出含有水果味道的化学物质——食用香精。如果在一些饮料、糖果的生产中添加这些香精，这些饮料、糖果就变得水果味十足。你们说，我们的舌头是不是被欺骗了！

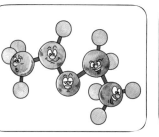 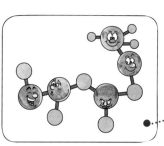

食用香精是一种食品添加剂，有些可以溶解到水里，使水都变成水果味的。

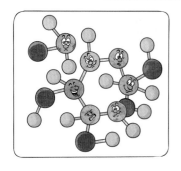 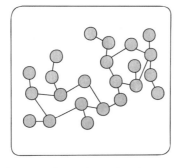 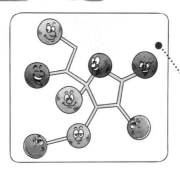

色素也是一种食品添加剂。可食用的色素大多来自植物中。

饮料的颜色大都来自食用色素，我们尝到的是色素分子的味道，看到的是色素分子的颜色。

什么是代糖？

你知道吗？糖尿病患者对糖的摄入有严格要求。普通人想要保证身体健康，对糖的摄入也应当注意。于是，代糖出现了。添加代糖的食品，既有甜味，又大大降低了糖含量，保证了人们的身体健康。木糖醇是比较常见的代糖类物质，其他常见的代糖还有山梨醇、甘露醇等。一般情况下，用代糖代替糖制作的食物，会标明"无糖"。

人们将能辨别出的不同味道概括为酸、甜、苦、咸4种。这些味道能被舌头上分布的味蕾轻松识别出来。后来，又有人提出了第五种基本味道——**鲜味**。

味蕾：是帮助我们品尝味道的器官。味蕾上有很多受体蛋白，每种受体蛋白可以识别一种味道。

舌头上的味觉分布

味蕾还会被另一种物质——**糖醇**欺骗。木糖醇等也是甜甜的，但是它们并不是我们所说的蔗糖，只是吃起来味道跟糖一样。

酸性食物、碱性食物

　　酸和碱是化学概念，食物中有没有酸碱之分呢？答案是肯定的，食物可分为碱性食物和酸性食物，不过，所谓的酸性食物、碱性食物，并不是只由口感、味觉来决定。那么，哪些是酸性食物和碱性食物呢？让我们一起来看看吧！

　　酸是一类化合物的统称，酸具有"腐蚀性"，比如我们胃里的胃酸，它的主要工作就是消化食物，让身体吸收更多营养物质。

◎ 关键词：酸碱值

酸碱值又称pH，是化学上用以衡量液体酸碱性的数值。数值越小表明酸性越强；大于7时，数值越大表明碱性越强。pH为7，表明是中性。

茶、咖啡的pH在9～10之间，属于碱性。

柠檬、梅子、橘子、葡萄酒的pH在3～4之间，属于酸性。

（pH试纸）不同酸碱度对应的颜色变化

酸性越强 ←

碱性越强 →

1　2　3　4　5　6　7　8　9　10　11　12　13　14

紫甘蓝、紫苏叶等蔬菜的紫红色汁液和科学实验室中用于**测试酸碱度的石蕊试纸**具有大致相同的功效。物质的酸碱度不同，测试时汁液的颜色会相应地发生变化。

碱也是一类化合物的统称，它们通常带着一点点涩味。碱可以有效地对抗油脂污渍。因此，牙膏、肥皂等多数清洁剂呈碱性。

为什么切洋葱会让人流泪呢？

原来，洋葱中含有一种刺激性很强的化合物，在洋葱被切开时容易变成气体挥发出来，刺激人的泪腺，使人流泪。不过，这种化合物一旦受热，就会变成比糖还要甜几十倍的物质。所以，洋葱做熟后稍带甜味。

苹果为何会变色

切开的苹果放在桌子上，不一会儿，切口处的颜色就变成了褐色。这是为什么呢？原来，苹果的果肉中有一种叫作酚的物质，它一旦与空气中的氧气接触，就会发生化学反应，生成一种叫"多酚"的物质。多酚与苹果中的酶进一步发生反应，就会形成"醌类"物质，醌类物质和其他分子结合，会产生褐色素，切开的苹果就呈现出褐色了。

苹果切开后，果肉被氧化形成的褐色素覆盖，氧分子就无法继续进入苹果内部了。

酚是一种抗氧化剂，可以保护苹果里的果肉和种子。

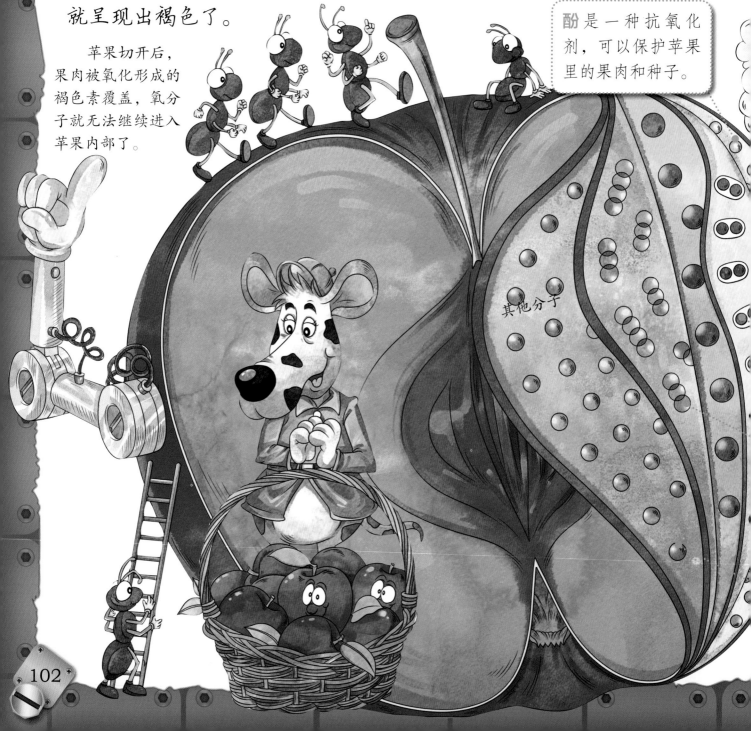

其他分子

长时间保存食物的方法

盐：盐能够吸收食物细胞中的水分，让食物脱水，使细菌失去赖以生存的潮湿环境。所以，可以用盐来保存食物。

罐头和真空包装：氧气和潮湿的环境都是微生物滋生的条件。罐头或真空包装能将食物与空气隔绝，便能长期保存食物。

冷冻、冷藏：冷冻可以使蔬果的细胞呼吸和过熟过程停止，让其处于一种休眠状态，并抑制细菌的滋生。冷藏可以减缓蔬果细胞呼吸和过熟过程，同时抑制细菌生长。

多酚：是由酶"牵线搭桥"，使氧气分子与苹果中的酚连接在一起形成的。

醌：在酶的作用下，多酚进一步与氧发生反应，生成醌分子。

褐色素：醌分子与其他分子相结合便产生了褐色素。苹果裸露的果肉就变成了褐色。

二氧化碳：植物呼吸时会吸入氧气，呼出二氧化碳。在低氧状态下，植物的呼吸会减弱，从而延缓植物的过熟过程。

过熟过程：果蔬在成熟过程中，其细胞需要呼吸氧气。当其成熟后，如果继续呼吸氧气，就会出现过于成熟而腐烂的现象。

氧气：植物在呼吸过程中会吸入氧气。隔绝氧气，是保存食物的重要条件。

牛奶胶体

牛奶和大多数胶体一样，含有几种大小不同的粒子，这些粒子的直径在1纳米到100纳米之间。

胶体是一种粒子分布较均匀的混合物，这些粒子有大有小，但其直径须在1到100纳米之间。生活中，蛋白、血液、牛奶、雾都是胶体。下面，我们以牛奶为例，认识一下胶体吧！

在牛奶里，脂肪粒子的直径比较大。

我们用多层过滤器将牛奶胶体过滤，来把它的粒子分开。牛奶中的脂肪粒子无法通过过滤器纤细的小孔，但水和盐以及蛋白质、乳糖的粒子可以溜过去。

半透膜的孔眼小于上层滤器，蛋白质、乳糖无法通过。由此我们可以观察出分散在各层胶体里面的粒子，大小各不相同。

水和盐

脂肪粒子

蛋白质和乳糖

经过两层过滤，牛奶中的大部分粒子是无法到达杯底的。

水和盐

冰激凌为何比冰块松软

冰激凌为什么比冰块松软可口呢？这得从制作冰激凌说起。首先，要将奶油和鸡蛋等配料混在一起，然后加入糖，再把它们放入冷冻机里搅拌。最开始，水会先结冰，而奶油中的脂肪粒子没有被冻住。随着搅拌的继续，冰激凌混合物里形成了许许多多的小气泡，这些小气泡和脂肪粒子一起将结冰的小冰晶隔开，防止冰晶结成大块，这样冰激凌就比冰块软了，吃上去也非常可口。

脂肪小球：在温度很低的情况下，冰激凌中小冰晶的数量在增加，脂肪小球也更加的密集。

冰晶体：随着温度的逐渐降低，冰晶会逐渐变大，但是通过不停地搅拌，冰晶体就不会发生凝结，而是被气泡分离开。

冰激凌中有很多的小气泡，小气泡、冰晶和脂肪小球混合在一起。气泡和脂肪小球把冰晶分开，从而保证冰激凌不会变得太硬。

105

发酵酸奶

酸奶里的细菌可以帮助肠胃更好地消化食物。

　　酸奶已经有几千年的历史了。很久以前的游牧民族在储存牛奶时，常常因为牛奶变质而苦恼。而且在放牧时，牛奶也容易从容器里溢出来。为了解决这些问题，牧民们发明了一种好方法，就是让牛奶发酵，变成半固体的物质，这就是早期的酸奶。

酸奶发酵的过程也就是细菌繁殖的过程。不过你不必担心，酸奶里的细菌都是对人体有益的，它们包括乳酸菌、双歧杆菌和嗜酸乳杆菌等。

◎ 关键词：发酵

发酵是指借助微生物的生命活动来制备微生物菌体本身或者直接代谢产物的过程。酵母菌、乳酸菌等微生物的无氧呼吸也叫做发酵。

　　乳酸菌会将牛奶中的天然糖分解成酸，酸使牛奶中的一些蛋白质分子链接在一起。由于这种链接，让牛奶变成了半固体的酸奶。

milk

酸奶的生产

我们吃的酸奶，大多是工业生产的产品。在生产过程中，要先把生牛奶进行消毒处理，才能加入乳酸菌。经过乳酸菌发酵，逐渐将牛奶转变成酸牛奶。

新鲜牛奶和砂糖

高温加热，消毒冷却

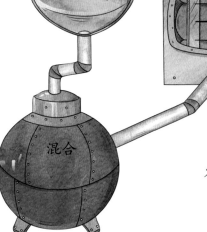

混合

加入乳酸菌

发酵和储存

酸奶

乳酸菌

牛奶中的糖分

乳酸菌分解糖： 乳酸菌停留在糖分子周围，将糖分解成酸。整个发酵过程要持续一段时间。

酸奶的形成分两个阶段： 第一阶段，乳酸菌把糖分解为酸，增加牛奶的酸性；第二阶段，牛奶中不断增多的酸使蛋白质分子形成庞大的链状结构，于是，半固体状态的酸奶就做好了。

由乳酸菌产生的酸。

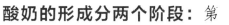

乳酸菌是一类细菌，而不是一种细菌。它是能从葡萄糖或乳糖的发酵过程中产生乳酸的细菌统称。这类细菌在地球上的分布很广。

橘子汁中的大部分物质属于大分子，不会穿过渗透膜，会一直在渗透膜的一端。

浓缩果汁的生产

市场上的浓缩果汁是怎么来的？在生产果汁的工厂，常常采用半透膜装置来进行浓缩。在半透膜的一侧倒入果汁，然后施加压力，使果汁中的多余水分渗出，果汁就浓缩好啦！在这个过程中，由于渗透压逐渐增大，会出现水向果汁里渗透的情况，因此会适当加大压力，从而保证较浓的果汁继续浓缩。

在外力的作用下，水分子从浓度高的溶液流向浓度低的溶液。这样浓缩果汁就逐渐生产出来了。

由于渗透作用，水分子会从溶液浓度低的一侧，流向溶液浓度高的一侧。所以，一定要在图示的左边施加更大的外力，才能保证果汁浓缩的进行。

半透膜

水分子

◎ 关键词：渗透压

用半透膜隔开水和溶液，可以见到水通过半透膜往溶液一端跑。假设在溶液端施加压强，而此压强刚好阻止水的渗透，则称此压强为渗透压。

半透膜渗透压实验

把两个鸡蛋浸在醋里一段时间，蛋壳便会溶解，最后形成"无壳蛋"。从"无壳蛋"中取出蛋黄和蛋清，然后洗干净剩下的鸡蛋薄膜。于是，用鸡蛋做的两个半透膜就做好了。

把10克砂糖溶于100毫升的水，用滴管分别滴进鸡蛋薄膜内，再把吸管插入两个薄膜内，用线系住。将两个装有溶液的鸡蛋薄膜分别放入盛有100毫升水的容器中。

分别往两个容器中放进20克砂糖和5克砂糖，然后观察鸡蛋薄膜的吸管里水面的高度。

容器里加入5克砂糖的溶液浓度，低于加入20克砂糖的溶液浓度。因此，它有更多的水流进鸡蛋薄膜内，相比之下，这个吸管里的水面要高一些。

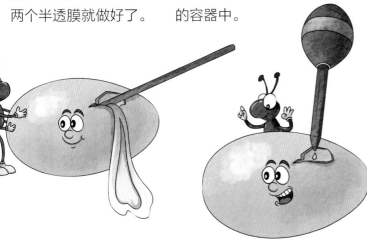

让海水变淡吧

地球上的水资源中，海水占了大部分。但海水中含有盐分和其他杂质，不能直接饮用，必须经过淡化处理后才能成为饮用水。关于海水淡化的研究历史久远，15世纪时，英国皇室就开始寻求海水淡化的方法，直到大航海时代，人类才通过蒸煮法，真正从海水中获得了淡水。现在一般采用反渗透法淡化海水。海水在经过半透膜的时候，只有水分子可以过去，而氯化钠和海水中其余大分子则过不去，这样就能提取出纯净的淡水。

半透膜能对海水进行淡化处理。半透膜是一层薄膜，它上面有很多小的孔隙，这些小孔隙只允许某些分子或离子进出。

海水通过半透膜。

海水中的大分子无法穿过半透膜的孔隙。

氯化钠分子不能通过半透膜的孔隙。

海水中的水分子能轻易透过孔隙。

蛋白质的变化

鸡蛋是蛋白质含量较高的食物，其所含蛋白质多在蛋清中。煮鸡蛋时，其内部液体会变硬，这是因为高温改变了鸡蛋里蛋白质的结构。在室温时，蛋白质分子串紧紧地折叠成复杂的立体结构。高温加热时，分子串松弛散开，分子端互相连接，形成了网状物。

蛋黄与蛋清的蛋白质结构稍有不同，所以它们在不同的温度变硬。温度到达60摄氏度时，蛋黄或蛋清几乎没有变化。可是一超过这个温度，蛋清便开始像透明的果酱。

蛋黄在65摄氏度时有点黏稠，到了70摄氏度便开始变硬。在这一温度，鸡蛋是半熟的。

65℃以下

65~85℃

85℃以上

蛋清在80摄氏度完全变硬。到了85摄氏度，蛋黄和蛋清全都变硬了。

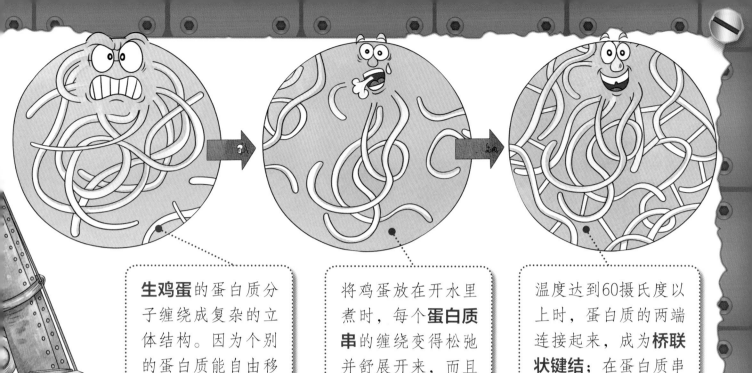

生鸡蛋的蛋白质分子缠绕成复杂的立体结构。因为个别的蛋白质能自由移动，所以蛋清和蛋黄都是可流动的胶体溶液。

将鸡蛋放在开水里煮时，每个**蛋白质串**的缠绕变得松弛并舒展开来，而且蛋白质两端因此暴露在外面。

温度达到60摄氏度以上时，蛋白质的两端连接起来，成为**桥联状键结**；在蛋白质串其他的一些位置上也形成链。这些新键结阻止蛋白质自由移动，鸡蛋因此凝固。

鸡蛋的储存

从超市买回来鸡蛋以后，一定不要用清水来清洗，因为鸡蛋壳具有很好的通透性，水分子可以经过鸡蛋壳，进入到鸡蛋里，容易造成鸡蛋变质。储存的时候，还要注意把鸡蛋的大头朝上，小头朝下，这样不仅可以防止细菌侵入，也可以保证鸡蛋里的蛋白质量。

111

面粉里的淀粉

面粉的主要成分是淀粉，淀粉由串连在一起的众多葡萄糖分子组成。未煮熟时，这些长串形成一种叫做"β淀粉"的僵硬模式，人体无法消化。但是，烹调过后，这种结构便开始破裂，与水结合，形成容易消化的"α淀粉"，这样我们就可以食用了。

β淀粉一经加热并增加水分以后，水分子合并到葡萄糖链内，成为α淀粉。

α淀粉除了能使面包容易消化以外，还使面包柔软、美味可口。

水

淀粉分子

淀粉老化后，α淀粉会失去水分，变回β淀粉的形态。

温度降低、水分蒸发后，α淀粉又回到β淀粉阶段。这种**淀粉老化**的趋势，导致存放时间过长的面包出现了β淀粉的僵硬形态，因此难以消化。面粉在制作食物的过程中加入酵母，所制作出来的食物中的α淀粉就很难再变回β淀粉了。

◎ 关键词：酵母

酵母是一类真菌的总称，在很早以前就被人类使用。酵母不仅可以用来做面包和馒头，还能用来酿酒。

鉴别淀粉的简单方法

在生活中，鉴别淀粉的最简单方法：加水煮沸，再放凉，成为白色半透明凝胶状物的，就很可能是淀粉。在实验室中，只要向鉴别物中加入几滴碘试液，如果鉴别物显现出蓝色或蓝黑色，加热后颜色逐渐褪去，放冷后蓝色复现，鉴别物就一定是淀粉了。

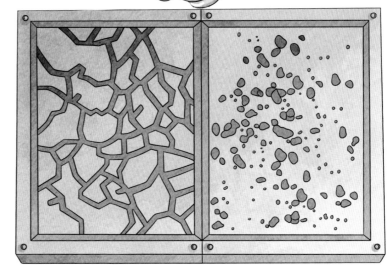

大米淀粉的β形态　　大米淀粉充满水的α形态

小麦粒中含有β淀粉，也被称为**生淀粉**，由长长的形状规律的晶体状葡萄糖链组成。

人体内的化学反应

我们的身体每时每刻都在进行着化学反应。体细胞利用碳、氧、氮、磷、硫、钙等元素合成不同的氨基酸、糖类等物质；我们吸入的氧气进入身体后，负责给各个器官、组织运送营养；我们吃的食物，经过各种化学反应，给身体提供能量。身体里还有很多各式各样的化学反应，让我们一起进入人体去探索吧！

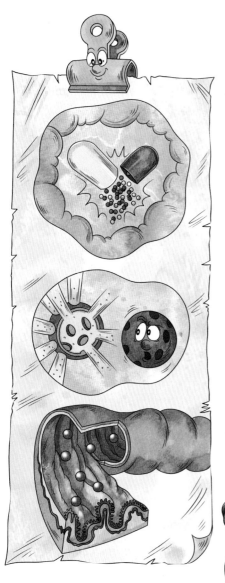

走进人体细胞

　　人体的构成很复杂，科学家们发现：人体是由特定的几十种必需元素组成，其中碳、氢、氧、氮、磷、硫、钙等元素占了绝大多数。人体细胞利用这些元素组成了不同的氨基酸、糖类等物质。人体细胞里有什么秘密呢？让我们去了解一下吧！

人体利用特殊的化学反应，通过呼吸、消化等方式，获取营养和能量，完成生长和繁衍。

人体细胞是一个个"小工厂"，它们勤劳地生产着蛋白质。

我们的身体里每时每刻都发生着化学反应，它们保证身体能正常"工作"。

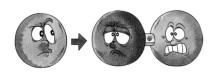

化合反应能将
元素组合

置换反应能解救被困元素

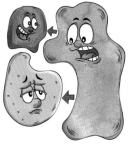

分解反应能拆
分化合物

复分解反应能
将化合物全部
拆开重组

> **有机化合物**是生命产生的物质基础，所有的生命体都含有有机化合物。形成这些化合物则需要化合反应、置换反应、分解反应以及复分解反应。

氨基酸

> **蛋白质：**是一种由氨基酸堆叠而成的高分子化合物。人体内的蛋白质主要由20种氨基酸按不同比例组合而成。

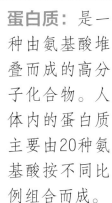

蛋白质

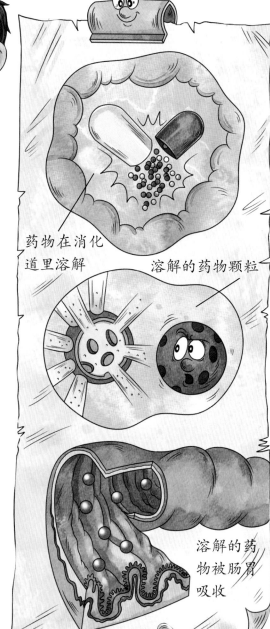

药物在消化
道里溶解

溶解的药物颗粒

溶解的药物被肠胃吸收

药物的吸收

如果人体缺乏某种营养元素。我们有时会通过吃营养补充药物，为身体补充这些营养元素，帮助身体里的免疫细胞与病菌战斗，从而达到治疗的目的。我们吃下的药物在消化道里溶解后，有效成分被胃肠道吸收，进入血液。营养补充药物的有效成分会跟随血液走遍全身，被身体的每一个地方吸收。

117

缺少维生素的后果

　　维生素也曾被称为维他命，可见它们对人体的重要性。我们身体里的化学反应需要维生素来"维持"，但是大多数人体必需的维生素是人体无法合成的，我们只能从食物中获取，如果挑食就会出现营养不良。人体能摄入的维生素大多存在于水果和蔬菜中，所以你可要改掉偏食、挑食的毛病，不然你的身体就要因为缺乏维生素而"提出抗议"了。

可怕的败血症

　　在大航海时代，船上的船员最怕的不是大风大浪、海盗、战争，而是败血症。船员们患上败血症，主要是因为在海上的时间过长，饮食中缺乏水果、蔬菜，从而导致维生素C极度缺乏而造成的。后来，为了解决这个问题，船员们在船上储存柠檬、橘子等维生素C含量较高的水果，以防止在海上患上败血症。

> **维生素**可以帮助我们的身体打败病毒细胞，提高免疫力。

> 嘴角裂口、口腔溃疡是缺乏**维生素B2**的表现，人体补充了维生素B2后，伤口很快就会好。

维生素A能帮助细胞"成长"，还能让眼睛更清晰明亮，不过过量摄入维生素A，骨头容易变脆弱。

◎ 关键词：维生素

维生素又被称为维他命，是一系列有机化合物的统称。维生素是生物体所需要的微量营养成分。维生素可以对生物体的新陈代谢起到调节作用。

维生素E可以保护我们的内脏，它的来源广泛，不容易缺乏，但容易过量。

维生素D和钙是一对好搭档，它能帮助身体吸收钙，让我们快快长高。缺乏维生素D时，我们会变得沉闷、抑郁甚至生病。

人体呼吸的奥秘

我们每时每刻都需要呼吸，这是因为人体需要空气中的氧气来产生能量。吸入氧气，呼出二氧化碳，是人体内的化学变化。空气通过外呼吸器官，如口、鼻吸入体内。空气首先穿过咽喉和气管，然后到达位于胸腔的主支气管，经过各级支气管，最后到达末端细支气管的肺泡。这一路"旅程"到底发生了什么化学反应呢？我们一起去探究探究吧。

空气中包括**氧气**和**二氧化碳**，氧气的含量约占21%左右，呼吸系统会将氧气吸入体内并被全身亿万细胞所利用。

心脏右心房、右心室里的是静脉血，负责收集回流的静脉血。

三尖瓣

膈膜

心脏的泵送

我们的身体细胞需要不间断的氧气供应，血液的任务就是把氧气输送给它们。血液经由心脏泵送时，从肺部吸收氧气，通过身体的管道网络进行分配，再带走二氧化碳返回肺部，释放二氧化碳。

血液中的红细胞一刻不停地将氧气迅速输送到身体各处。

红细胞中的血红蛋白负责吸收氧。

动脉流淌着富氧血液。

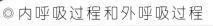

红细胞到达目的地后，血红蛋白释放氧气。红细胞由鲜红色变成暗紫色。静脉将血液回流心脏。

◎ 内呼吸过程和外呼吸过程

内呼吸过程是指氧气输送到身体的细胞内，细胞内的葡萄糖与氧气发生反应，制造身体所需的能量，同时分解成水和二氧化碳。外呼吸过程是指肺将氧气输送到血液中，又将血液中的二氧化碳排出体外。

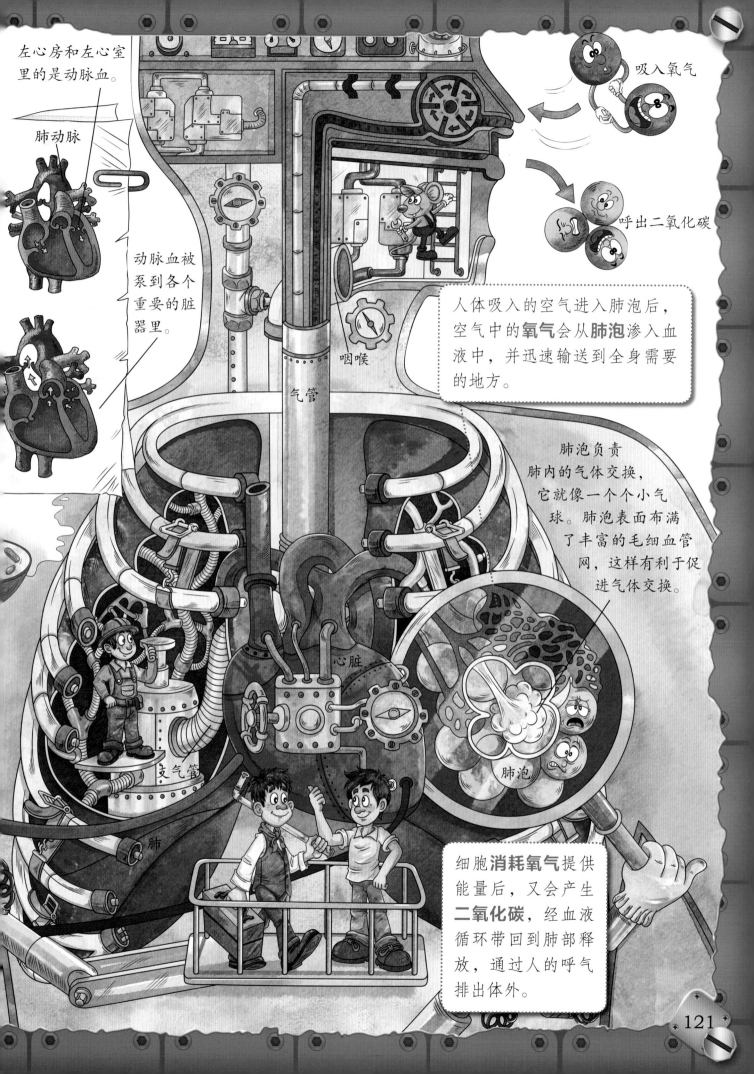

骨骼制造者

骨骼并非只是坚固的框架，而是鲜活的组织。一直以来，在骨骼中空的中心，被称为成骨细胞的细胞团队始终持续工作着，调节并影响骨骼的形成和重建。

胶原蛋白是一种具有弹性的材料，成骨细胞团队首先从胶原蛋白中纺出纤维。这种纤维被称为类骨质。

红骨髓是人体血细胞工厂，而黄骨髓则会产生脂肪、软骨和骨组织。

血液工厂：中空骨骼的中心填充着柔软的海绵状骨髓，有些是红色的，带有血液；有些是黄色的，带有脂肪。

每个**成骨细胞**都埋在一个被称为腔隙的地方，这些细胞被称为骨细胞。它们通过稳定的血液供应得以保持活力，并通过蛛网般的分支保持彼此间的联系。

成骨细胞

骨髓

显微镜下实际被埋在腔隙内的骨细胞。

成骨细胞被包裹在硬质钙的矿物质中，多方向生长，形成结构支撑。

缺钙会怎么样？

人到了老年，身体的很多机能都开始退化，一些老年人的骨骼会变得十分脆弱，稍微剧烈运动就有可能造成骨折。骨骼退化的原因多种多样，其中主要包括骨骼的钙流失后导致的骨质疏松。下面，就让我们了解一下吧！

骨质疏松多发生在60岁之后的人群中。随着年龄的增长，人体内的钙会流失很多，所以骨头变得越来越脆。

身体的框架——骨骼

骨骼为你的身体搭建了一个框架，就好像房子的大梁。骨骼非常轻盈，因为它们是空心的，但同时又很坚固，因为它们都是由硬物质和弹性纤维构成的，这还让它们不会像干树枝那样嘎吱作响。

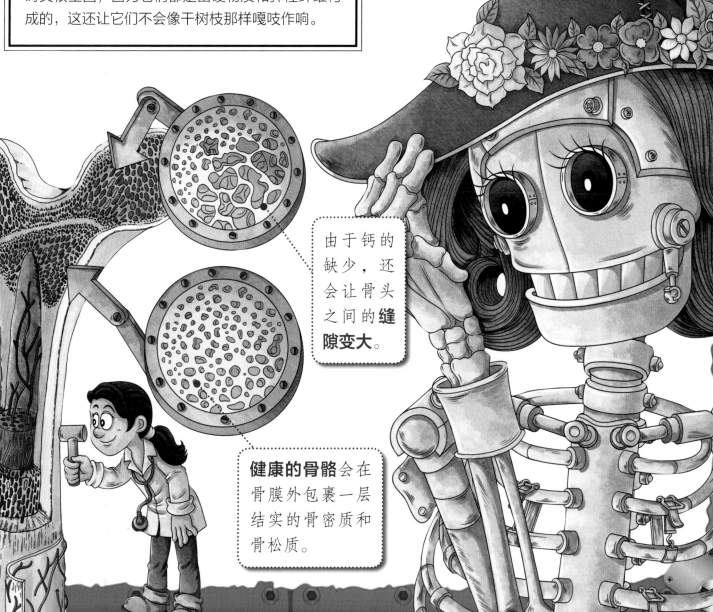

由于钙的缺少，还会让骨头之间的**缝隙变大**。

健康的骨骼会在骨膜外包裹一层结实的骨密质和骨松质。

武器中的化学

战争形式不断变化，武器也跟着不断进步，各种各样的化学原理也延伸到了军事应用上，例如用来制造坦克和装甲车的钨钢，加入了新型复合材料而制作出的防弹衣，利用原子核的核裂变，人类制造出了可怕的原子弹……让我们探索军事中的化学，迎接来自武器的挑战吧！

爆炸的威力

　　中国古代四大发明之一的火药，它的燃烧强度其实非常有限，甚至在开放空间中点燃，都无法实现爆炸。当火药传入欧洲之后，西方人觉得这样的火药不能满足其需要，于是就开始研究用爆炸威力更加强大的物质来代替火药。

　　经过研究发现，硝基（—NO_2）有极强的氧化性，极不稳定，是真正的"易燃易爆炸"物品。

> 硝基作为**氧化基团**，与分子中的碳元素、氢元素反应生成二氧化碳、一氧化碳、氮气和水蒸气等，并在短时间内释放大量的热量和气体，从而引发剧烈爆炸。

　　为了提高硝基的稳定性，在不断研究中，人们发现了稳定性更佳的三硝基甲苯（TNT）。

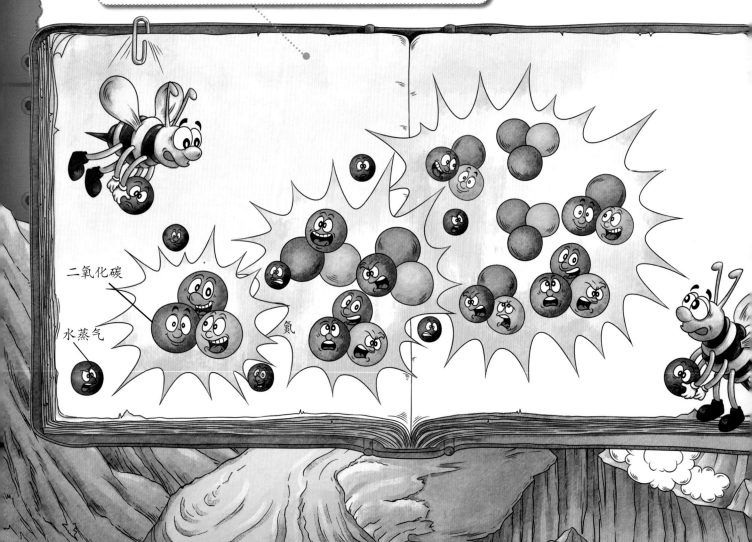

二氧化碳

水蒸气

氮

導線　　雷管

点火珠

雷管栓

发火药

TNT性质较为稳定，引爆通常需要使用雷管。

中国发明的火药

火药是我们的祖先在无意中发明的。在古代，先人们一直在寻找能长生不老的方法。一批批道士不断研究，希望制造出长生不老的仙丹，最终他们发现把硫磺、木炭和硝石这三种物质的粉末混合在一起，很容易剧烈燃烧，这就是最初的火药，据说，有个道士的房子还因此被炸了。

云爆弹

云爆弹又被称为燃烧空气炸弹、空气炸弹、燃料空气弹、燃料空气炸药或油气炸药，是一种燃料空气弹药。实际上，其装配的不是炸药而是燃料。云爆弹在爆炸时，会产生巨大的冲击波杀伤力，还会使炸点周围一定区域内形成缺氧区，导致该区域内产生窒息效果。

钨钢坦克和穿甲弹

　　钢是装甲的主要材料，在武器中的应用十分广泛，比如坦克、装甲车、军舰等。普通钢材的密度和硬度是不够用的，人们便在冶炼钢的过程中加入其他元素，来提升钢材的综合性能。于是，熔点高、广泛用于灯丝制造的金属钨便"大显身手"了。

　　钨钢硬度高，可以有效抵御炮弹的进攻，但这种特性会使钨钢变脆，不易加工，这为钨钢应用到战车上加大了难度。所以，钨钢只能用于战车重点部位的防御，例如**坦克或装甲车的正面**等。不过，这样仍然能大大提高坦克、装甲车等装备的防御水平。

　　金属钨熔点高，密度大。虽然金属钨的硬度没有金属铬的高，但是密度却比后者高出近3倍，使得钨钢的密度大于铬钢，硬度也远远高于铬钢。

钨芯穿甲弹

作为进攻武器，用于击穿钨钢装甲的炮弹弹芯材料时，钨元素的高强特性发挥到极致。针对进攻需求，硬度更大的碳化钨出场了。碳化钨与钴元素形成的合金，用于加工成炮弹的弹芯时，人们就得到了可以击穿钨钢装甲的钨芯穿甲弹。

穿甲弹在击穿装甲的过程中，弹身的纵向会承受极大的剪切作用力。

碳化钨合金弹芯在剪切作用力下，头部会变成蘑菇状，导致弹头变钝，穿甲深度急剧下降，这就是**自钝效应**。

贫铀穿甲弹

铀元素虽然是放射性元素，但它本身也是一种金属元素。贫铀与钛金属等形成的贫铀合金，具有比碳化钨更高的硬度与强度。如果将贫铀合金制成穿甲弹的弹芯，贫铀穿甲弹就不会像钨芯穿甲弹一样，在强剪切作用力下弹头变钝。相反，贫铀穿甲弹在击中目标后，会变得越来越尖锐，呈现自锐效应，成为坦克、装甲战车等装备最怕遇到的武器。

自锐效应

129

防弹衣不一定越硬越好，人们发现一些柔性材料更能起到"以柔克刚"的效果。20世纪40年代，化学纤维加入了防弹衣的制作材料中，并逐渐成为主流。到了70年代，美国杜邦公司发明的"凯夫拉"芳纶纤维（后简称凯夫拉），使得防弹材料进入到了新的时代。

以**凯夫拉**为代表的**软质防弹**材料在受到枪弹攻击时，纤维会产生拉伸形变，子弹的冲击能量会被纤维的形变过程吸收。凯夫拉防弹衣的发明，使防弹衣的功效大大提高。凯夫拉的发明者克沃勒克被人们誉为"防弹纤维之母"。

聚对苯二甲酰对苯二胺

◎ 化学纤维

化学纤维是用天然高分子化合物或人工合成的高分子化合物为原料，经过多道特殊制造工序，制成的具有纺织性能的纤维。

凯夫拉是一种高分子化合物，其化学名称是聚对苯二甲酰对苯二胺。它具有十分优异的抗拉伸性能，且更加轻薄。

最初的防弹衣

中世纪冷兵器时代，骑士穿戴的厚重铠甲和头盔也许是最早的"防弹衣"。19世纪以后，热武器让金属护甲变得不堪一击，人们只能增加护甲厚度来提高对枪弹的防御能力。但厚重的护甲大大减弱了士兵的战斗力。直到20世纪初期，防弹衣的主要材料仍以金属为主，但由于重量过重，严重降低了部队的机动性。

防弹衣并非万能的

尽管防弹衣可以大幅地减小枪弹对人体的伤害，但防弹衣并不是万能的，它不能挡住所有的子弹。这是因为子弹在击中目标后会产生巨大的冲击力，而防弹衣对子弹能量的释放能力是有限的，即使避免了子弹的贯穿，也很难完全避免子弹巨大的冲击力对人体造成的伤害。

石墨炸弹

如今，炸弹不光是消灭敌人的武器，还可以对特殊设施进行定向打击，从而决定战争的走向。现代战争中，高科技武器被广泛投入，电力供应和电子设备越来越重要。如果能够让敌方的电力系统和电子设备瘫痪，获胜的可能性就会加大。于是，针对电力系统和电子设备定向打击的石墨炸弹应运而生。

石墨炸弹

电磁雾霾

石墨特殊的层状结构具有很好的导电性能，用石墨颗粒制作的炸弹叫**石墨炸弹**，它在发电厂或者电器设备附近爆炸时，石墨颗粒就会附着到电力设备上，这样就会使电器设备或发电设备发生短路，从而造成巨大的破坏。

特殊炸弹——深水炸弹

深水炸弹又称深弹，是一种用于攻击潜艇的武器，外观近似桶状，通常装有定深引信。把它投入水中，在下沉到一定深度后会自动爆炸，用以杀伤潜艇，即便没直接击中潜艇，爆炸产生的冲击波，也会伤及附近的潜艇。深水炸弹通常由军舰或反潜飞机投放，第二次世界大战期间被广泛地使用，现在它的反潜地位已慢慢被反潜鱼雷或反潜导弹取代。

如果**石墨颗粒**足够小，就可以长时间悬浮在空中，在局部形成具有导电作用的**石墨雾霾**。这种雾霾会对各种微波信号起到屏蔽作用，造成局部地区电讯中断。

石墨炸弹爆炸后，细小的石墨颗粒会让发电厂设备或输电线短路，造成停电。可以让整座城市的电力供应瘫痪，是一种新型武器。

原子弹

　　原子弹是利用核裂变而制造的武器。在原子弹内部，核裂变会诱发下一次核裂变，这个过程叫"链式反应"。链式反应能在极短时间内释放出巨大能量，所以，原子弹拥有极大的杀伤力。

核裂变的过程： 用中子去轰击原子核，铀原子核会裂成两半，同时放出部分中子和大量能量，而放出的中子会继续轰击其他原子核……整个过程就像多米诺骨牌一样。

屏蔽壳

聚变材料

铀-235

原子弹

"胖子"原子弹

第二次世界大战期间，美国为了逼迫日本投降，分别向日本的广岛和长崎投射了代号为"胖子"和"小男孩"的原子弹。"小男孩"的核装药是铀-235，"胖子"的核装药为钚-239。

需要控制核裂变反应的核电站反应堆中，人们安装了一个特殊的装置——控制棒。控制棒可以吸收核裂变过程中释放出的一部分中子，从而防止核裂变失控。

初始中子指的是最初用来引起核裂变，用来轰击铀原子核的中子。

铀原子核：铀（铀-235）原子核受到轰击后，会发生裂变反应。

链式反应：在很短的时间内，许许多多的铀原子核发生裂变，放出大量的中子，这些中子继续轰击别的铀原子核，产生链式反应。

中子：铀（铀-235）原子核发生裂变反应时，会释放出中子和大量能量。

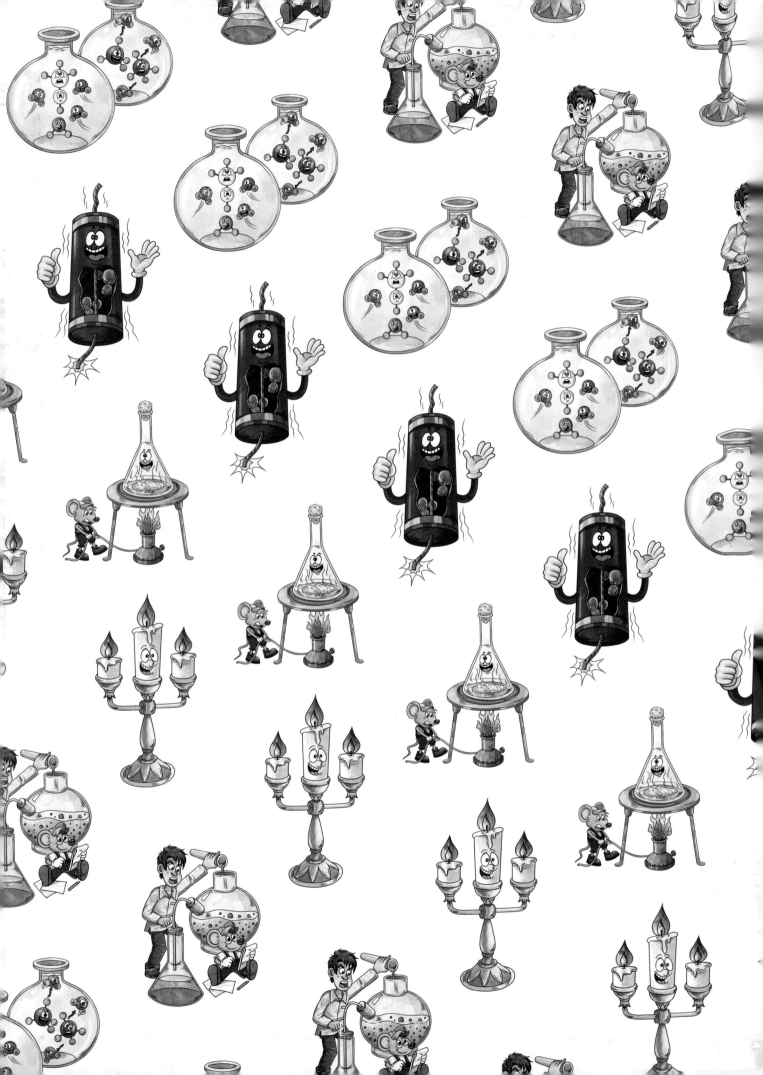